AF289610

Réflexions sur la plus grosse « erreur » de l'Histoire de la Physique, ou « catastrophe du Vide ».

Ainsi que sur les relations $M \equiv L^{-1}$, $ML \equiv q^2$, $q \equiv nombre$, $\mu_0 \equiv nombre$.

Effet Casimir et fonction $\zeta_{(-1)}$…. Ether et Avatars du vide.
i ($\sqrt{-1}$) et l'inversion de la règle des signes.
Systèmes d'unités de Planck, d'Ampère et des Cosmologistes.
Constantes de couplage. Nombres & formules,
dimensions et constantes. Modèle bimétrique de JP Petit,
Masses en relief et masses en creux, positives ou négatives...

Edition : BoD - Books on Demand, info@bod.fr

Impression : BoD – Books on Demand, In de Tarpen 42,
Norderstedt (Allemagne)
Impression à la demande

ISBN : 978-2-3225-3865-2

Dépôt légal : juin 2024

Contact : guybernardavignon@gmail.com

*Illustrations page une de couverture, pages 11 & 67 :
Encre, collage et photomontage de guy Bernard.*

Guy DAVIGNON

Réflexions sur la plus grosse « erreur » de l'Histoire de la Physique, ou « catastrophe du Vide ».

Ainsi que sur les relations $M \equiv L^{-1}$, $ML = q^2$, q = nombre, μ_0 = nombre.

Effet Casimir et fonction $\zeta(-1)$…. Ether et Avatars du vide.
$i\ (\sqrt{-1})$ et l'inversion de la règle des signes.
Systèmes d'unités de Planck, d'Ampère et des Cosmologistes.
Constantes de couplage. Nombres & formules,
dimensions et constantes. Modèle bimétrique de JP Petit,
Masses en relief et masses en creux, positives ou négatives...

$$G = \frac{\alpha(1 + e_{min})(1 + \alpha)\,\lambda^2 c^2}{4\pi\left(1 + \dfrac{\alpha}{2\pi}\right)}$$

Lucien Romani (formule de la constante G de Newton).

Du même auteur :

- Des différences de deux carrés de nombres entiers à la distribution fractale des nombres TNP, suivi de : Structure du nombre 666, formules des nombres polygonaux, pyramidaux, étoilés, et des cinq solides Platoniciens.
UniBook.com, 2009.

- Fibonacci, Lucas & Pythagore, l'ultime et 3e série.
Préface de Jean-Claude Perez. *UniBook.com, 2011.*

A paraître :

- De l'éther des Nombres.

A la mémoire
d'Albert Einstein,
Wilhelm Reich,
Lucien Romani.

O vous, Esprits divins, vous qui traînez la Barque du Maître de l'Éternité,
Qui rapprochez le Ciel de la Région des Morts,
Oh ! Rapprochez mon Âme de mon Corps Glorieux !
Détruisez l'ennemi, le Dragon !
Laissez donc passer mon Âme, dans l'Horizon Oriental,
Du Présent vers le Passé !
Laissez moi poursuivre en paix ce voyage à rebours
Vers l'Horizon Occidental !
Cependant, j'aperçois, sur Terre, réuni à son Corps Glorieux,
Mon cadavre qui repose en paix…
En vérité, ils ne seront dégradés ni détruits,
De toute Éternité !

Extrait du « Livre des Morts des Anciens Égyptiens », chapitre LXXXIX.
(Pour unir l'Âme au Corps dans l'au-delà).

To be, and not to be. (GB)

Quelles que soient les difficultés que nous pouvons éprouver à nous former une idée cohérente de la constitution de l'éther, il ne fait aucun doute que les espaces interplanétaires et interstellaires sont occupés par une substance...
J. C. Maxwell.

Le volume d'un trou est négatif (jumelle mathématique du volume en relief, positif par convention). En multipliant ce volume, en creux, par sa densité (positive) on obtient la masse, négative, de la matière ôtée lors du creusement. C'est une masse manquante. Si on inverse le trièdre de référence, la densité (pseudo-scalaire) devient négative (jumelle mathématique) tandis que le volume (lui aussi pseudo-scalaire) devient positif et la masse, toujours manquante, demeure négative, comme obligé.
Lucien Romani.

Dans l'esprit d'Einstein, la constante cosmologique qu'il ajouta aux équations de la relativité représenterait cette pression négative. L'espace de l'univers serait rempli d'une mystérieuse substance exerçant une gravité répulsive qui compenserait exactement la gravité attractive exercée par son contenu en matière et énergie de l'univers.../... l'ironie du sort a donc voulu que celui qui a été en partie responsable de la mort de l'éther soit aussi celui qui a réintroduit l'idée d'une autre substance, de nature inconnue, remplissant tout l'univers.
Trinh Xuan Thuan, (La plénitude du Vide).

Préambule :

Rien ne va plus en Physique » (**Lee Smolin**), « *L'éther des physiciens existe-t-il ?* » (**Jean-Jacques Samueli**). Les constantes μ_o et ε_o, (la perméabilité magnétique du « vide », ou constante magnétique, et la permittivité du « vide », ou pouvoir inducteur du « vide »), ayant une valeur non nulle, il va de soi que le « vide » n'est pas vide, (si l'une d'elles, au moins, était nulle, la vitesse de la lumière serait infinie), mais quelle peut bien être cette mystérieuse substance, aux propriétés bien étranges ? Bien qu'abandonné par **Einstein** (1879-1955), qui trouve le moyen de remplacer l'éther par la courbure de l'espace, l'éther a aujourd'hui de nombreux avatars : **Fond diffus cosmologique, champs de Higgs, Res extensa de Descartes, constante cosmologique, vide quantique…** Bon nombre de chercheurs lui resteront attachés : *Descartes, Euler, Newton, Huygens, Young, Fresnel, Maxwell, Hertz, Lorentz, Tesla, Dirac, Sagnac, Lucien Romani, Chris Essonne…* Pour ne citer que les principaux… A l'époque de **Newton** (1643-1727), sa théorie corpusculaire de la lumière domine. Personne, ou presque, n'ose s'attaquer au grand maître. Son modèle corpusculaire lui permet d'expliquer les lois fondamentales de l'optique telles que celles de la réflexion et de la réfraction. Mais l'une de ses propres expériences va néanmoins troubler le grand maître, lorsqu'il pose une lentille sur une plaque de verre et éclaire le tout avec une lumière monochromatique, il découvre un phénomène optique des plus inattendu, des anneaux concentriques, dits « anneaux de Newton », se forment et apparaissent, alternativement sombres et lumineux, tout comme des interférences (1). **Christian Huygens** (1629-1695), son contemporain, formule dans le même temps la première théorie ondulatoire de la lumière. Pour Huygens, si la lumière possède une nature ondulatoire, l'espace ne peut être vide, les ondes lumineuses ont besoin d'un substrat pour se propager, mais ce substrat est extrêmement curieux, <u>impalpable et *impondérable*, tout en étant solide et élastique</u> ! Puis vint l'expérience des deux fentes de **Thomas Young** (1773-1829), à la Royal Society en 1801. Expérience dite des « franges d'interférences ». C'est le polytechnicien **Augustin Fresnel** (1788-1827), qui réussira à donner une assise mathématique rigoureuse à ce phénomène d'interférences.

Fresnel découvre par la même occasion la différence fondamentale entre les ondes longitudinales (telle que le son) et les ondes transversales (la lumière) ; pour les ondes longitudinales, le transfert d'énergie se fait dans la direction de propagation de l'onde, pour les ondes transversales, le transfert d'énergie se fait dans un plan perpendiculaire à la direction de propagation de l'onde. La question se pose alors de savoir si il y a un « son » dans l'éther, (et non plus seulement dans l'air), et de la nature de cet éther. Ce que Thomas Young résumera en 1823 en écrivant : *« L'hypothèse de M. Fresnel est pour le moins très ingénieuse et permet de faire des calculs satisfaisants. Mais elle nous mène à une conclusion consternante : l'éther qui occupe tout l'espace est non seulement totalement élastique, mais il est aussi entièrement solide ! »* (Il s'avère en effet que les ondes transversales ne peuvent se propager que dans un solide, elles peuvent aussi se propager par un médium liquide mais uniquement en surface, jamais à l'intérieur, comme les vagues à la surface de la mer. Devons nous alors comprendre que ce n'est pas l'onde transversale « d'éther » qui est entraînée par les corps constitutifs de l'eau de mer, *(celle-ci ne se déplace pas, elle monte et descend selon l'intensité de l'onde)* ? Ce serait donc l'inverse, les corps seraient *entraînés* par l'éther…). L'éther peut-il être élastique et solide ? Nous en avons un exemple dans la nature avec la membrane du tympan. La *pars tensa* représente la majeure partie du tympan et est la plus rigide, elle se compose de trois couches dont la *lamina propria* dont les propriétés de plasticité et d'élasticité permettent aux ondes sonores de faire entrer en vibrations la membrane du tympan. Autrement dit, ces propriétés apparemment paradoxales ne doivent pas nous surprendre, la nature sait les combiner et les utiliser et ce, probablement à toutes les échelles de la réalité, qu'elles nous soient perceptibles ou non. Mais à la fin du $19^{è}$ siècle, il était difficile d'admettre que l'éther puisse être un solide sans aucune viscosité (donc monobloc, non particulaire), pour permettre la libre circulation des planètes. **Heinrich Hertz** (1857-1894), résumera ainsi la situation : *« Le grand problème de la Nature concerne les propriétés de l'éther qui remplit l'espace : quelle est sa structure, est-il immobile ou en mouvement, son étendue est-elle finie ou infinie ? De plus en plus, nous pensons que c'est le problème le plus important, et que sa résolution nous révélera non seulement la nature de ce que nous appelions les « impondérables », mais aussi la nature de la matière elle-même et ses propriétés essentielles – son poids et son inertie... Ce sont là les problèmes ultimes des sciences physiques, les sommets glacés de ses pics les plus élevés. »*
En résumé, début 20è siècle, selon les opinions, on considère que :
Soit l'éther n'existe pas, (expérience de Michelson et Morley).
Soit l'éther existe, il est distinct des corps et immobile.
Soit l'éther existe, il est distinct des corps et partiellement ou totalement entraîné. (Ce qui permettait aux défenseurs de l'éther de justifier l'expérience de Michelson et Morley).
Personne ne semble imaginer cette quatrième possibilité :
L'éther existe, il n'est pas distinct des corps, mais constitutif !
    Seul **Lucien Romani** (1909-1990), à ma connaissance, explorera et développera cette possibilité ce qui le conduira à sa Théorie Générale de l'Univers physique. L'anneau-tourbillon simple d'éther lui donne le modèle de l'électron ; en nombre pair, les anneaux-tourbillons donnent naissance aux bosons, en nombre impair, aux fermions... (et ces nombres ne sont pas n'importe quels nombres, curieusement, nous les retrouvons dans la suite des nombres de Lucas, ou la suite des nombres de Fibonacci…!). Pour **Jean-Pierre Petit**, je cite :
« L'espace n'a pas une existence indépendante de la matière, le vide parfait ça n'existe pas. En fait, espace et matière, c'est la même entité ; et ça, ce n'est rien d'autre que le principe de **Mach***, et c'est ce que nous dit la métrique de* **Kerr***».*
Reprenons un exemple simple. La circonférence de la Terre, à l'équateur, est d'environ 40030 km. La Terre tournoie sur elle-même en 24 heures soit 86400 secondes. Un point sur l'équateur se déplace donc à la vitesse de 460 mètres par seconde environ. Vous êtes sur ce

point et sauter en l'air, votre saut dure une seconde et vous retombé au même endroit. N'est-ce pas curieux ? Vous auriez pu retomber 460 mètres plus loin, mais non. Bien que n'ayant plus aucun contact physique avec le sol, vous vous êtes déplacé, pendant votre saut, à la même vitesse, sans ressentir le moindre « vent d'éther ». Car tous trois, votre corps, le corps de la Terre, et l'espace (l'air), entre vos pieds et le sol, sont constitués à 99,9 % de « vide », et tous trois ont été entraînés à la même vitesse. Que devons nous en conclure ?

Et puis il y a l'effet **Casimir** ! Issu de la théorie quantique des champs. *(**Et la, nous rentrons dans le dur ! Fonction zêta, symétrie CPT, mer de Dirac et masses en creux, donc négatives, énergies négatives…**). Bien sur, comme l'écrit **Hicham Zejli** (2) :*

*« Une question intrigante se pose concernant la faisabilité d'objets ayant des états d'énergie négative. En abordant la symétrie T, les physiciens quantiques adoptent traditionnellement une perspective anti-linéaire et anti-unitaire pour l'opérateur T, <u>dans le but d'exclure les états d'énergie négative</u>. De manière similaire, un opérateur P est choisi comme étant unitaire et linéaire pour des raisons analogues. Ces choix sous-tendent le théorème CPT, renforçant l'idée que la symétrie PT s'aligne avec la symétrie C. Au contraire, l'adoption d'un opérateur T linéaire et unitaire révèle que les états d'énergie négative sont un résultat naturel dans les équations de **Schrödinger** et de **Dirac**, ouvrant la voie à de nouveaux terrains de recherche. De plus, les observations cosmologiques ont confirmé que l'expansion de l'Univers s'accélère, attribuée à une pression négative associée à l'énergie noire, comme l'a démontré le travail de **Perlmutter** récompensé par le prix Nobel 2011. Puisque la pression $(ML^{-1}T^{-2})$ représente une densité d'énergie par unité de volume, ce phénomène est directement lié à l'influence de l'énergie négative sur l'expansion de l'Univers ».*

Par ailleurs, les tourbillons formateurs des systèmes stellaires précèdent la formation de la masse stellaire centrale et des masses planétaires qui l'accompagnent, courbures et vortex ne peuvent donc provenir, uniquement, de la présence d'une masse, *(qui n'en est plus la cause, mais plutôt la conséquence)*. La mécanique des fluides, qui comporte de nombreuses analogies avec l'électromagnétisme, et la théorie des tourbillons d'Émile Belot (1857-1944) (3), devraient donc avantageusement pouvoir compléter la Relativité Générale qui n'explique pas tout, même si à la masse, Albert Einstein ajouta les influences de l'énergie et de la pression. La vitesse des étoiles à la périphérie des galaxies demeure supérieure aux prévisions du Modèle Standard. Les anomalies gravitationnelles des deux satellites de Mars, Phobos et Deimos, restent également énigmatiques, *(l'un se rapproche de sa planète, l'autre s'en éloigne, les effets de marées sont-ils réellement suffisant pour expliquer un tel phénomène ?)*. Les observations récentes du Télescope Spatial **James Webb** prédisent également que la formation des galaxies dans leurs formes actuelles se réalise dès les 100 ou 200 premiers millions d'années de l'âge de l'Univers, ce que le Modèle Standard ne peut prédire.

Lucien Romani nous rappelle, par ailleurs, que si la masse est homogène à une courbure, la charge électrique (q) est un nombre, *(q = IT, et $I \equiv T^{-1}$)*, homogène à une hélicité (torsion/courbure). La constante magnétique, μ_o, est également un nombre, *(ML étant homogène à Q^2)*, ce que nous pouvons (re)démontrer par un nouveau système d'unités dit Ampérien. Une constante de couplage, purement magnétique (α_{magn}), complémentaire de la constante de structure fine ($\alpha_{ém}$), nous permet également de réécrire 4π, ($\alpha_{ém}\,\alpha_{magn} = \pi/4$).

La Théorie Générale de l'Univers physique de Lucien Romani, réintroduisant l'éther en lieu et place de la courbure de l'espace tient compte de la torsion et l'hélicité, elle nous démontre également l'existence de six champs, trois champs nucléaires et trois champs non nucléaires. Chacun d'eux étant caractérisé par 68 constantes, soit 408 au total, dont la connaissance est indispensable à l'analyse globale des systèmes et dont près de la moitié sont toujours ignorées de nos jours.

A <u>l'analyse globale des systèmes</u>, ou analyse systémique de **Ludwig Von Bertalanffy**, qui définit tout système grâce aux trois caractéristiques suivantes :

- la nature (qualité) de chacun des éléments différents constituant le système
- le nombre (quantitatif) de chaque type d'éléments
- les relations reliant ces différents types d'éléments à tous moments
nous devons ajouter, à minima, la connaissance de trois autres lois indispensable à la compréhension des lois de la Nature et de l'Univers.
La loi de résonance vibratoire, qui met en jeu trois facteurs : un lieu, un état, un moment.
La loi d'émergence, qui démontre que les qualités (propriétés) d'un ensemble sont supérieures à la simple addition des qualités des différents éléments constituant cet ensemble, (un exemple simple est l'eau, H_2O, dont les propriétés diffèrent de celles de l'hydrogène et de l'oxygène, l'eau pouvant être dimère, trimère, pentamère…).
Et, bien sur, la loi de la thermodynamique des systèmes ouverts et des processus irréversibles qui nous démontre qu'un système échange de l'énergie, de la matière et des informations avec son environnement proche ou lointain, ce qui lui permet de s'opposer à l'entropie, ou de développer une entropie négative. Sur ce dernier point, relisons Lucien Romani :
« La question de savoir si l'entropie généralisée de l'Univers tout entier croît ou décroît au cours du temps n'est pas facile à trancher. Il est probable que le sens de la variation locale dépend des lieux et des époques. La phrase de Bernanos : en pensant que le désordre va l'emporter encore le lendemain… *est probablement plus ou moins valable partout et toujours,* sauf à l'échelon de l'éther. *Et comme c'est la base de tout le reste, il existe une bonne chance pour que, dans l'ensemble, l'organisation l'emporte. En tout cas, même si en pondérant chaque région au prorata de la masse d'éther qu'elle comporte, l'entropie généralisée totale était positive et croissante, il n'en resterait pas moins vrai qu'en certaines régions, par exemple dans un encéphale supérieur, elle atteindrait une énorme valeur négative dont l'évolution passée de la Vie terrestre nous garantit l'amélioration indéfinie »(4).*

Si rien ne va plus en physique, c'est principalement parce que nous avons d'énormes difficultés à comprendre ce que des expériences tel que celle d'Alain Aspect nous révèle, à admettre l'existence d'objets de masses négatives, *(masse en creux, apparaissant dans les équations de Dirac)*, ou les conséquences de la symétrie CPT ainsi que tout ce qui en découle, à savoir que l'univers est physique et métaphysique, vivant, auto-créateur, et non pas un simple condensat de matière inerte à l'échelle cosmologique : *« La matière vivante transcende la matière inanimée comme le nombre transcendant transcende le nombre rationnel. Et ceci n'est pas seulement une image car la cause de la transcendance est la même : c'est l'irruption de l'infini dans le mécanisme créateur. (L. Romani) ».*
Un champ de recherche immense reste donc ouvert aux esprits novateurs, insensibles aux dogmes et aux arguments d'autorité.

1 : La plénitude du Vide, (page 105 et suivantes). Trinh Xuan Thuan. Éditions Albin Michel, 2016.
2 : « Modèle Cosmologique Janus. Univers bimétrique : Perspectives & Défis ». (Page 149). Hicham Zejli. jp-petit.org/index.html
3 : L'Origine dualiste des mondes. Essai de Cosmogonie tourbillonnaire. Émile Belot. Éditions Gauthier Villars, 1911.
4 : Théorie Générale de l'Univers physique, tome 2, page 160. Lucien Romani. Éditions Albert Blanchard, 1976.

L'être vivant ne doit pas se considérer comme une matière animée par de l'énergie. C'est de l'énergie pré-existante à la matière qui oriente la matière vers le processus de la vie.
Erwin Schrödinger.

Je ne connais pas d'obstacle qui passe les forces de l'esprit humain, sauf la vérité.
Isidore Ducasse.

L'esprit humain fuit ce qui lui est révélé le plus infailliblement.
Stéphane Lupasco

Les traditions de toutes les civilisations ont choisi la solution de la chute. Elles en tirent toutes les conséquences. La science occidentale défend, elle, l'hominisation du singe, peut-être parce qu'il est plus facile d'être un singe « parvenu » qu'un ange déchu...
Jean Servier, (L'homme et l'invisible, Éditions R. Laffont)

Le monde où nous vivons est violent. Et un être pacifique et naïf a peu de chances d'y survivre. Une certaine quantité de violence, intériorisée, devient pratiquement nécessaire pour accéder à la normalité. Mais la violence appelle la violence, et le cercle vicieux se referme. Cette immaturité est aussi le symptôme trahissant notre fragilité psychosociologique. Notre psychisme est primitif et relativement rigide. L'équilibre mental des individus et des sociétés repose sur quelques clefs. Si on touche à certaines d'entre elles, l'ensemble peut « collapser ».
Jean-Pierre Petit.

Nous sommes des univers en expansion, dans une galaxie aveugle et familière.
Pierre Vandrepote, (Lumière frisante, éd. Bordas)

La conscience est un Être, dont il est dans son Être, question de son Être, en tant que cet Être implique un ÊTRE AUTRE que lui.
Jean-Paul Sartre.

Les accélérateurs de particules, c'est comme prendre une montre suisse et essayer de la comprendre en la cassant avec un gros marteau.
Richard Feynman.

Alors que Heisenberg se rassoit après une valse, Dirac se penche vers lui. « Heisenberg, pourquoi dansez-vous ? » lui demande-t-il. Réponse de l'intéressé : « Voyez-vous Dirac, lorsqu'il y a de jolies filles, c'est un plaisir de danser. » Dirac médite ces mots en silence, puis, cinq minutes plus tard, reprend : « Mais, Heisenberg, comment faites-vous pour savoir à l'avance que les filles sont jolies ? »
Étienne Klein, (Il était sept fois la révolution, Albert Einstein et les autres…).

La physique de l'atome diffère de celle d'un tambour dans la mesure où elle impliquent des nombres imaginaires. Pour résoudre les équations dictant le comportement de l'atome les physiciens se sont vus obligés de pénétrer dans le monde intangible des nombres imaginaires. Et ce sont ces nombres qui confèrent à la physique quantique son côté étrangement probabiliste.
Marcus du Sautoy.

Quiconque n'est pas choqué par la théorie quantique ne la comprend pas !
Niels Bohr

Je pense pouvoir dire sans me tromper que personne ne comprend la mécanique quantique.
Richard Feynman.

*L'aspect « corpusculaire » est la chaleur, somme des énergies cinétiques moléculaires ;
l'aspect « ondulatoire » est l'énergie radiante, somme des énergies photoniques.*
Lucien Romani.

*Je vous ferai bondir, si j'osai vous avouer que je n'admet aucune solution de continuité,
aucune coupure entre les mathématiques et la physique, et que les nombres entiers me
semblent exister en dehors de nous et en s'imposant avec la même nécessité, la même
fatalité que le sodium, le potassium, etc.*
Charles Hermite.

*D'après la Théorie de la Relativité Générale, l'espace est doué de propriétés physiques ;
dans ce sens, par conséquent, un éther existe. Selon la Théorie de la R.G, un espace sans
éther est inconcevable, car non seulement la propagation de la lumière y serait impossible,
mais il n'y aurait même aucune possibilité d'existence pour les règles et les horloges et
par conséquent aussi pour les distances spatio-temporelles dans le sens de la physique.
Cet éther ne doit cependant pas être conçu comme étant doué de la propriété qui
caractérise les milieux pondérables, c'est-à-dire comme constitué de parties pouvant être
suivies dans le temps : la notion de mouvement ne doit pas lui être appliquée.*
Albert Einstein, conférence intitulée *Ether et Relativité*, prononcée à Leyde, le 27/10/1920.

*Finalement, qu'est-ce qu'il y à au fond de l'atome ?
Il n'y a rien d'autre au fond de l'atome que de la pensée.*
St Exupéry.

*J'ai envoyé mon âme dans l'invisible pour déchiffrer les secrets de l'Univers. Elle est revenue
et m'a dit : « Je suis, moi-même, le Ciel et l'Enfer ».*
Oscar Wilde.

*Je passe n'importe quand, à ma fantaisie, de la physique à la biologie, de la biologie à
l'astronomie... Dans n'importe quel domaine, je n'ai qu'un but : atteindre la vérité. Tant pis
si elle déplaît, tans pis si elle choque, tant pis si elle indispose. Je n'attache pas la moindre
importance au consensus des mandarins et de leurs élèves ni à l'argument d'autorité.*
Lucien Romani.

*Ainsi le repos est l'unité, et il enferme en lui le mouvement, lequel n'est qu'une série
ordonnée de repos, si tu observes avec un peu de subtilité. Donc, le mouvement est le
développement du repos.*
Nicolas de Cuse.

*La pensée égyptienne ne s'appuie pas sur une religion révélée ; elle est issue de la
connaissance que les Anciens avaient atteinte de leurs Neters intérieurs, des Neters de la
nature et des liens qui les unissent. C'est sans doute en cela que l'Égypte reste encore un
mystère insondable.*
Jérôme Lacoste.

*Le rêve est une agression contre la mémoire, une insurrection mnémique. Ce contre quoi
s'insurge le rêve, c'est la conscience de l'état de veille, quelque fut cet état. Le rêve est le
catabolisme de la conscience éveillée.*
Stéphane Lupasco.

Déboutonnez votre cerveau aussi souvent que votre bringuette.
Clovis Trouille.

Il y a une cave dans une partie du Ciel et les chiens taisent le nom de cette lune là.
Jean-Pierre Dyprey.

Réflexions sur la plus grosse « erreur » de l'Histoire de la Physique, ou « Catastrophe du vide ». Règle de la somme des exposants. Effet Casimir.

C'est dans une vidéo intitulée : « **La plus grosse erreur de l'histoire de la physique** *», publiée sur son site ScienceEtonnante et reprise sur YouTube, que* **David Louapre**(1) *nous présente le problème. Cette « erreur », également dénommée « la catastrophe du vide », concerne le calcul de la pression énergétique (de produit dimensionnel $M^1L^{-1}T^{-2}$), par les Quanticiens d'une part, qui utilisent le système des unités de* **Planck** *(masse, longueur et temps de Planck), et les Relativistes d'autre part, qui utilisent le système des unités cosmologiques, (masse, rayon et âge de l'Univers). Ces deux systèmes d'unités, rappelons-le, sont homogènes l'un à l'autre et génèrent les mêmes valeurs pour de nombreuses constantes telles que la vitesse de la lumière ou la constante G de Newton, par exemple, mais ce n'est pas toujours le cas, notamment pour la pression ou la constante h de Planck, entre autres. Nous allons comprendre pourquoi.*

Le calcul des Quanticiens implique que la pression, P_r ($M_p.L_p^{-1}.T_p^{-2}$) = 4,633.10^{113}

Celui des Relativistes implique $P_r = M_u.R_u^{-1}.T_u^{-2} = 7,35.10^{-9}$

La différence est de taille ! De l'ordre de $6,3.10^{121}$*, ce qui semble énorme et incompréhensible, mais l'explication est triviale, (elle ne dépend que de la somme des exposants des dimensions de la constante en question lorsque celle-ci diffère de zéro.)*

Ce rapport est un nombre et devrait, en toute logique, correspondre à une constante de couplage. Il se trouve que c'est bien la valeur de la constante de couplage gravitationnel (α_G) calculée avec la masse de l'univers observable (M_u).

($M_u = 1,728.10^{53}$ = masse de l'univers observable).

$\boldsymbol{\alpha_G = (G.M_u^2)/(\hbar.c) = 6,3 \cdot 10^{121}}$

Cette valeur fait partie des grands nombres de **Dirac** *et peut-être calculée de multiples façons, exemple, (avec R_u le rayon de l'univers,* **$R_u = 1,2828.10^{26}$***) :*

$(M_u.R_u.c)/\hbar = 6,3.10^{121}$

Les Quanticiens, ou les Relativistes, ont-ils eu tort, ou non, de ne pas introduire cette constante de couplage, ($\alpha_G = 6,3.10^{121}$), dans leurs calculs ? Quoiqu'il en soit il n'y a pas d'erreur, en ce sens que les calculs sont corrects, et on se doute bien que la pression dans le « vide » interstellaire d'une part, et au sein d'une étoile à neutron d'autre part, ne peut être la même .

*Constatons que nous pouvons calculer la pression de **Planck** (P_{rp}) à partir du champ magnétique (B), de la constante magnétique (μ_o), et d'une constante de couplage magnétique (α_{magn}), dans le calcul de laquelle le flux d'induction magnétique (en Weber, Wb), remplace la charge électrique ($Q_é$). Cette constante de couplage (α_{magn}), se révèle donc complémentaire de la constante de structure fine $\alpha_{ém}$. Ces deux constantes de couplage sont des nombres sans dimensions.*

$$\alpha_{ém} = Q_é^2 / (4\pi\, \varepsilon_o\, \hbar\, c) = 0{,}00729735\ldots$$

En remplaçant la permittivité du vide (ε_o) par la perméabilité magnétique du vide (μ_o), l'analyse dimensionnelle nous impose de remplacer $Q_é$, la charge électrique, par le produit dimensionnel du Weber ($ML^2T^{-1}Q_é^{-1}$) pour obtenir un nombre. Le Weber est le flux d'induction magnétique.

$$\alpha_{magn} = Wb^2 / (\mu_o\, \hbar\, c) = 107{,}627822\ldots$$

Nous constatons que ces deux constantes sont liées, issues, du nombre π.

$$\alpha_{ém} \cdot \alpha_{magn} = \pi/4$$

$$2\alpha_{ém} \cdot 8\alpha_{magn} = 4\pi$$

Charge électrique (Q) et flux d'induction magnétique (Wb) peuvent se définir l'une par rapport à l'autre :

$$Q_é = h/2Wb \text{ et donc : } Wb = h/2Q_é$$

Nous pouvons donc écrire :

$$\alpha_{ém} = h^2 / (4\pi\, \varepsilon_o\, \hbar\, c\, 4\, Wb^2) = 0{,}00729735\ldots = (h\,\pi) / (\varepsilon_o\, c\, 4\, Wb^2)$$

Et, avec $\mu_o c = Z_o = $ l'impédance caractéristique du vide :

$$\alpha_{magn} = h^2 / (\mu_o\, c\, \hbar\, 4Q_é^2) = 107{,}627822\ldots = (\hbar\,\pi^2) / (\mu_o\, c\, Q_é^2)$$

Constatons que :

$8\alpha_{magn} = 861{,}022576\ldots$, *soit le rapport entre la constante de Von Klitzing (R_K) et la résistance électrique de Planck (R_p), en Ohm.*

$$R_K = h/Q_é^2 = 25812{,}807\ \Omega = 8\alpha_{magn} \cdot R_p \,(ML^2T^{-1}Q_é^{-2})$$

Et la pression de Planck peut s'écrire :

$$\boxed{P_{rp} = B^2/(\mu_o\, \alpha_{magn}) = 4{,}633.10^{113} \quad \text{(avec B, en Tesla} = \pi MT^{-1}Q_é^{-1} = 7{,}9158\ldots.10^{54})}$$

*Ces quelques formules, nous démontrent que la réalité physique n'est pas seulement dimensionnée, dans l'espace et dans le temps (longueur et durée), donc mesurable, mais qu'elle est également dotée, ou doublée, d'une réalité sans dimension (nombres), donc non-local, a-spatiale et a-temporelle. Non-localité mise en évidence par **Alain Aspect**, Nobel 2022.*

*Dans l'un de ses livres, « **Rien ne va plus en Physique** », le physicien **Lee Smolin** (2) nous rappelle un fait surprenant à propos des deux sondes Pioneer 10 & 11 expédiées par la NASA dans les années 1972/73. Ces deux sondes ont aujourd'hui quitté le système Solaire et subissent une décélération inattendue dans le « vide » interstellaire de l'héliopause. Bien qu'à l'opposé l'une de l'autre, elles subissent une force qui les attirent vers le Soleil, provoquant ainsi leur ralentissement. Cette accélération vers le Soleil est de l'ordre de 8.10^{-10} mètres/seconde².*

Valeur très proche de l'accélération g $(L.T^{-2})$, calculée par les Cosmologistes :
$g_u = 7,006.10^{-10}$
Mais, encore une fois, cela ne signifie pas que les Quanticiens auraient tort.

*Les deux systèmes d'unités utilisés par les Quanticiens et les Cosmologistes sont **homogènes** l'un à l'autre, mais cette homogénéité a ses limites et obéis à des règles mathématiques, (d'où la nécessité de constantes de couplage, sans dimensions). Il va donc de soi que :*

Pour toute constante dont le produit dimensionnel (qui est naturellement de la forme $M^x.L^y.T^z$), pour toute constante dont la somme des exposants des dimensions du produit en question est égal à zéro $(x + y + z = 0)$, nous trouverons obligatoirement le même résultat quelque soit le système d'unités utilisé. (C'est une règle mathématique incontournable). Et donc, dès lors que cette somme sera inégale à 0, nous aurons deux résultats différents, ce qui est le cas pour la pression, mais aussi pour la constante h (ML^2T^{-1}), l'accélération (LT^{-2}) et bien d'autres constates...

Ainsi pour la célérité, (vitesse de la lumière), c, $(L^1.T^{-1})$, la somme des exposants = 0,

donc c = 299792458 m.s^{-1}, quelque soit le système d'unités utilisé.

Il en est de même pour la constante G de Newton $(M^{-1}.L^3.T^{-2}$, la encore la somme des exposants = 0). G = $6,674.10^{-11}$

Même chose pour la Force de Planck F, $(M^1.L^1.T^{-2})$, F = $1,21.10^{44}$

Pour la Puissance P, $(M^1.L^2.T^{-3})$, P = $3,629.10^{52}$

Et pour bien d'autres constantes !

Tels que μ_o, la constante de la perméabilité magnétique, $(M^1L^1Q^{-2})$,
ou K_c, la constante de Coulomb, $(M^1L^3T^{-2}Q^{-2})$,
ainsi que de la Tension U $(M^1.L^2.T^{-2}.Q^{-1}$, en volts),
de la résistance R $(M^1L^2T^{-1}Q^{-2}$, en ohms),

de la constante χ d'Albert Einstein ($M^{-1}.L^{-1}.T^{2}$),

et de la constante diélectrique, ou permittivité du vide, ou pouvoir inducteur du « vide », ε_o ($M^{-1}L^{-3}T^{2}Q^{2}$), là encore la somme des exposants = 0.

*C'est le physicien **Lucien Romani** (1909-1990), qui nous signale, à propos de cette dernière, que :*

« Lorsque l'on passe du « vide » à la matière (sauf si elle est conductrice), le pouvoir inducteur du vide, ε_0, augmente, et sa relation duelle avec 1/G suggère que G, la constante de **Newton**, doit diminuer dans certains corps. Dans des milieux très denses (étoiles à neutrons…) la différence pourrait devenir énorme… au point d'empêcher, si ce n'est la formation d'un trou noir, tout du moins la formation de singularités, (masse infinie, diamètre nul…). (3)

*Ce qui nous amène à la fonction zêta ($\zeta_{(s)}$) et à l'effet **Casimir**, donc à l'énergie du point zéro dû aux fluctuations du « vide quantique » et dont le concept a été développé par **Planck** dès 1911.*

*En 1948, le physicien **H.B. Casimir** s'intéresse à l'attraction entre deux plaques parallèles dans le vide dans le cadre de la physique quantique. Lors de ses calculs, il tombe sur la somme :*

1+2+3+4+5+6+7+… qui diverge vers l'infini.

Cette somme correspond à la fonction $\zeta_{(s)}$, avec s = -1.

*Or, une énergie ne peut-être infinie ! Il se souvient alors des travaux des mathématiciens sur la fonction zêta, notamment de ceux de **Râmânujan** qui démontre que $\zeta_{(-1)} = -1/12$*

$\zeta_{(-1)} = 1 + (1/2^{-1}) + (1/3^{-1}) + (1/4^{-1}) + (1/5^{-1})$ … $= 1 + 2 + 3 + 4 + 5… = -1/12$

*L'expérience permettant de vérifier l'effet **Casimir** consiste à placer deux plaques lisses l'une en face de l'autre et séparées par du vide à une distance L très courte. Les fluctuations du vide quantique créent une énergie proportionnelle à la somme des fréquences des ondes existantes entre les deux plaques et cette somme est infinie.*

*Ainsi l'énergie du point zéro (E_o) en fonction de la distance L entre les deux plaques correspond à la formule de **Casimir** :*

$E_o = \zeta_{(-1)} . (\pi hc / 2L) = -1/12 . (\pi hc / 2L) = -1/24 . (\pi hc / L)$

*Si L est la longueur de **Planck** (L_p), nous avons :*

$E_o = -1/24 . (\pi hc / L_p) = -2,600251… \times 10^{-26} / L_P = -1,6088… \times 10^{9}$

Autrement dit, une énergie négative ! Précisons que si cette énergie était positive, les deux plaques se repousseraient, or elles s'attirent, ce qui démontre que cette énergie est négative.

*L'effet **Casimir** sera démontré expérimentalement en 1997, par **Steven Lamoreaux** d'une part, et **Umar Mohideen** et son équipe d'autre part, avec une bonne précision de l'ordre de 1/100.*
A la fin des années 2010, la Physical Review Letters, *publiera plusieurs articles sur l'effet Casimir et la supraconductivité en vue d'étudier la gravité quantique.*

Les différentes valeurs de $\zeta_{(s)}$ pour s allant de -3 à +3 sont :

*$\zeta_{(3)}$ = **1,2020569…** (c'est la constante d'**Apery**, elle intervient dans la formule de la luminance photonique de la loi de Planck).*
*$\zeta_{(2)}$ = **π^2/6** (calculée par **Leonhard Euler** (1707-1783), à une époque où la calculatrice n'existait pas).*
*$\zeta_{(1)}$ = **∞***
*$\zeta_{(0)}$ = **-1/2***
*$\zeta_{(-1)}$ = **-1/12***
*$\zeta_{(-2)}$ = **0***
*$\zeta_{(-3)}$ = **1/120***
…

***John Derbyshire**, dans son livre : « Dans la jungle des nombres premiers », nous rappelle qu'il existe une formule pour calculer $\zeta_{(1-s)}$. Connaissant $\zeta_{(2)}$, nous pouvons donc calculer $\zeta_{(-1)}$ à partir de cette formule. C'est la suivante :*

$$\boxed{\zeta_{(1-s)} = 2^{1-s}\ \pi^{-s}\ sinus[(1-s/2)\pi]\ (s-1)!\ \ \zeta_{(s)}}$$

C'est une sacrée formule ! Mais somme toute, assez simple. Et le calcul nous donne bien, (avec s = 2) :

*$\zeta_{(1-2)} = \zeta_{(-1)} = **-1/12***

L'ETHER :

*Maintenant, puisque nous parlons d'un « **vide** » qui n'est pas vide, un rapide historique de l'Ether(4) s'impose. Mais rappelons nous tout d'abord cette remarque d'**Alain Connes**(5) à propos de ce bain thermique qu'est le fond diffus cosmologique: « … **il y a une espèce d'éther qui brise l'invariance de Lorentz et qui est le bain thermique à 3° kelvin** ».*

*Le satellite COBE fut lancé en 1989 pour mesurer la température du rayonnement fossile dans toutes les directions, il détecta effectivement un dipôle d'effet Doppler que l'on peut interpréter par un déplacement du système solaire par rapport au référentiel où le rayonnement fossile à 2,73 degrés Kelvin est immobile. Pour **Jean-Jacques Samueli**(6) :*

« ce dernier est un référentiel inertiel privilégié, immobile par rapport aux étoiles et galaxies qui nous entourent, baptisé nouvel éther. Ce nouvel éther, selon l'appellation de **Zeldovich**, apparaît lors de l'observation du rayonnement cosmologique fossile. En un point de l'univers, il se déplace relativement au nouvel éther défini en un autre point de l'Univers, et réalise un mouvement conforme à la loi de **Hubble**, comme le rayonnement fossile ».

*Pour **Jérôme Saint-Marc** :* « Si les théorèmes de Noether prouvent l'équivalence entre invariances (par translation et rotation) et isotropie, ils ne prouvent pas l'isotropie physique dans tous les référentiels galiléens ; l'usage de plus en plus généralisé du référentiel du CMB (fond diffus cosmologique) devrait, je pense, ouvrir les esprits à l'idée d'un retour à un espace support d'ondes, autrement dit à un vide quantique conciliable avec l'espace de la cosmologie, donc à un espace modélisable sous forme d'un support dans lequel se propagent tous les types d'ondes, transversales (lumière) et longitudinales (gravitation)»(7).

A ce jour, l'origine de ce rayonnement cosmique reste inconnue, certains y voient la trace d'un éventuel « big bang », pour Lucien Romani : « Peut-être s'agit-il de la conversion de bosons W, uniformément répandus dans l'espace intergalactique, sous l'effet d'électrons émis par les étoiles»(3).

*Le satellite COBE a permis de mettre en évidence de <u>petites anisotropies</u> de température dans différentes régions du ciel qui sont liées à des **fluctuations de densité qui ont été à l'origine de toutes les structures astronomiques ultérieures.***
Lucien Romani *appelle cet éther, en quelque sorte <u>parménidien</u> :* « ***l'éther constitutif*** » *; (pour Parménide, philosophe grec du Ve siècle av. J.C, la discontinuité apparaît avec la mesure; alors que la réalité sous-jacente, non accessible à l'observation, est continue), autrement dit :*
« ***<u>ce ne sont pas l'espace et le temps qui sont relatifs, mais leurs mesures</u>**. **(L. Romani)**.* Car toute mesure, implique un observateur !

La Relativité a généré de nombreux paradoxes, nous rappelle-t-il. Je le cite :

« La confusion a culminé dans le célèbre paradoxe du voyageur, attribué à Langevin et longuement discuté par Jean Perrin, Darrieus et bien d'autres sommités. Rappelons-le : les jumeaux, Pierre et Paul, se quittent. Paul demeure sur la Terre, Pierre embarque sur un vaisseau spatial pour un voyage de circum-navigation de plusieurs années à une vitesse proche de celle de la lumière. Le temps du vaisseau s'écoulant, par suite, très lentement, Pierre, à son retour, trouve son jumeau plus âgé que lui ! Or, il est clair que l'âge *réel* de Pierre est *forcément* le même que celui de son jumeau. C'est la *mesure* de cet âge, faite depuis la Terre, système propre de Paul, qui a été *faussée* par le mouvement relatif de la planète et du vaisseau spatial. Il était d'ailleurs théoriquement possible de faire une correction à chaque instant en utilisant l'effet Doppler-Fizeau et les formules de Lorentz. L'incapacité où nous sommes de découvrir un référentiel absolu nous oblige à choisir arbitrairement, ou plutôt par commodité, nos repères spatio-temporels, ce qui rend nos mesures « relatives » au repère choisi. » (3).

L'éther, monobloc, est tendu par le mouvement . Dans sa conception, il ne s'agit plus de « matière subtile baignant des petits corps », il s'agit d'un fluide singulier, continu, co-substantiel à l'étendue, bref, la « Rex extensa » de Descartes. Peuplé de tourbillons (vortex quantiques), il EST la matière ; parcouru en tous sens par des ondes, il véhicule l'énergie et l'information. Quant à la question qui a occupé la fin du XIX ^e siècle : « L'éther est-il ou non entraîné par les corps en mouvement », elle n'a plus, dans cette optique, aucun sens. Car la célèbre expérience de Michelson s'interprète immédiatement : l'interféromètre, fait d'éther, donne nécessairement la célérité de la lumière dans son éther constitutif, le mouvement de la Terre lui est absolument indifférent. (3)
Jean-Michel CORNU nous rapporte ce qui suit :
« Ses connaissances en hydrodynamique l'avait conduit (Lucien Romani), à proposer de réintroduire la notion d'Ether. Cette fois, sa description sous la forme d'un fluide parfait tendu conduisait à des conclusions identiques à celles de la Relativité. L'expérience de Michelson s'explique alors par le fait que la Terre entraîne une part de l'Ether dans sa course, si bien que la vitesse de l'Ether par rapport à la Terre est nulle à sa surface. Comparée à la Relativité Générale, la théorie de l'Ether constitutif conduit aux mêmes équations. Seule l'interprétation diffère. L'Univers n'est plus courbé, ce sont les trajectoires elles-mêmes qui le sont à cause d'une propriété particulière des fluides parfaits tendus. Sans changer les résultats connus de la physique moderne, le monde redevient Euclidien et les ondes retrouvent un support pour leur propagation ! Une conséquence étonnante de cette théorie de l'Univers constitutif est que tout courant d'Ether doit avoir une trajectoire courbe, la ligne droite est interdite. Cela ne veut pas dire que les courants d'Ether forment des cercles, car la trajectoire doit être courbe dans les trois dimensions spatiales. La forme résultante est celle d'un tore. Lucien Romani à alors décrit les tores et les ensembles de tores possibles. Il trouva alors des relations entre les caractéristiques des tores et la masse et la charge des particules élémentaires. Petit à petit, toute la Physique des particules se dessinait comme une conséquence de l'Univers constitutif.../... »
(Causeries au laboratoire Eiffel. Https://acds.viabloga.com)

L. Romani nous rappelle également que :

« … l'éther, en Grèce, était une région située au sommet de l'atmosphère, baignant dans un fluide hypothétique très dilué et très chaud. Or, curieusement, on a découvert avec les satellites artificiels qu'effectivement il y a bien une couche d'hydrogène à 500 degrés de température... » (8). *(Le point de Draper a été établi à 525° C (soit 798°K), par John William Draper, en 1847).*

Lucien Romani assimile l'éther à la « Res extensa » (substance corporelle, chose étendue) de René Descartes. Descartes pour qui : « les planètes étaient mues par des tourbillons agitant les cieux », *aussi pensait-il qu'une planète suivait une trajectoire qui lui était imposée par l'action de l'espace environnant sur elle.* <u>*La théorie des tourbillons est l'une des plus complexes de la mécanique, et si ces tourbillons sont bien à l'origine de la formation des systèmes stellaires, cela implique que leurs courbures précèdent l'apparition des masses stellaires et planétaires, on retrouve ainsi les géodésiques d'Einstein, reste à en identifier la cause première...*</u> *Einstein qui écrivait, dans* « Comment je vois le monde » *:*

« L'espace vide de Matière n'existe pas. L'espace apparaît comme quelque chose de réel au même titre que les objets corporels ».

Quant à Descartes, il distinguait la « Res extensa » de la « Res cogitans », substance pensante, mentale, le monde mental étant pour G.W. Leibniz, construit par des Monades, « objets mentaux » ne faisant pas partie du monde physique. (Ce qui implique un monde Métaphysique, méta = au-delà de), la métaphysique a fait couler beaucoup d'encre, mais depuis la découverte de la Non-Localité par les expériences du prix Nobel Alain Aspect, monde a-dimensionnel de l'instantanéité, elle repointe le bout de son nez.

A l'origine, **Ether** *est un dieu primordial de la mythologie grecque personnifiant la luminance du Ciel supérieur, luminance à laquelle fait référence le poète* **Georges Bataille,** *dans son livre* « Le bleu du Ciel ». **Empédocle,** *auteur de la théorie des quatre éléments en parle comme d'une entité à part, éternelle. Ces quatre éléments donnèrent naissance à quatre éthers dont la théorie nous a été transmise, entre autres, par* **Rudolf Steiner** *(1861-1925), pourchassé durant toute la première guerre mondiale. Ces quatre éthers se présentent comme suit :*

Ethers	Éléments	Corps subtils
	Aether	Corps Causal
Ether de Chaleur	Feu	Corps Mental
Ether de Lumière	Air	Corps Astral
Ether de Son	Eau	Corps Éthérique
Ether de Vie	Terre	Corps Physique

Il n'est pas impossible que les quatre champs de Higgs impliquant le boson de Higgs et ceux de Goldstone, nous ramènent un jour à ces théories… et donc aux solides de **Platon***. (Le champ de Higgs pouvant être assimilé à la pression de l'éther, (9).*

Pour **René Descartes, Robert Hooke et Christian Huygens***, la lumière devait se propager dans un fluide subtil, l'éther, indétectable car ne freinant aucun corps et permettant à la lumière des étoiles de nous parvenir, donc remplissant tout l'Univers. La grande question étant de savoir s'il s'agissait bien d'un fluide ou d'un solide élastique. Les ondes lumineuses étant transversales (travaux de Young et Fresnel), il fallu considérer que l'éther était un solide élastique et non un fluide, car un fluide n'offre pas de résistance à la distorsion.* **Henri Navier** *et* **Cauchy** *mettront cela en équations. (Notons que la dualité entre rigidité et élasticité n'est pas sans analogie avec celle de l'onde et de la particule).*

Au XVIIIe siècle, furent développées des théories de l'éther rendant compte des phénomènes électriques et magnétiques, de l'optique, de la chaleur et de la chimie, pour **André-Marie Ampère** *un éther universel impondérable et composé de deux électricités de signes opposés expliquait la force pondéromotrice entre les circuits électriques.*

Pierre-Simon de Laplace *émit l'hypothèse d'un éther produisant une force répulsive entre les particules de matières, ce qui permettait de rendre la théorie corpusculaire de la lumière cohérente avec la double réfraction de Huygens.*

*A partir de 1830, la théorie d'***Augustin Fresnel** *s'impose. La lumière est une ondulation de l'éther, une onde transversale. Pour rendre compte de la polarisation il dut considérer l'éther comme solide et élastique. Ce modèle permit de prévoir plusieurs effets inattendus comme la polarisation circulaire et la réfraction conique.*

L'étude de l'éther, solide et élastique, dont les vibrations forment la lumière sera un thème de recherche fructueux jusqu'à l'avènement de la Relativité Restreinte. Le mathématicien **A.L Cauchy***, étudiant l'élasticité, trouvera même une expression de la vitesse des ondes transversales de la lumière issues de la théorie de* **Fresnel***.* **James MacCullagh** *déduira les lois de l'optique cristalline d'une fonction de* **Lagrange** *de l'éther…*

Mais concilier intégralement les propriétés observées de la lumière avec celles d'une onde supposée se propager dans un milieu solide et élastique n'en demeurait pas moins insatisfaisant. L'éther avait décidément des propriétés bien étranges, <u>il devait être d'une rigidité prodigieuse pour transmettre la lumière des étoiles et n'offrir aucune résistance à la libre circulation des corps planétaires. Ce qui est le cas de l'acier pour le son</u>, qui est une onde longitudinale se déplaçant à 344 mètres par seconde dans l'air, 4 fois plus vite dans l'eau, et jusqu'à 5000 mètres par seconde dans l'acier ! Toute onde étant considérée comme une déformation élastique d'un fluide ou d'un milieu, **G.G Stokes** *montrera qu'il suffisait que l'éther soit doté d'une très faible viscosité pour que la libre circulation des planètes puisse s'y effectuer.*

***J.C Maxwell** s'appuiera sur l'idée de champ de force due à **Michael Faraday** pour éliminer la notion d'action instantanée à distance et proposera un modèle d'éther composé de tourbillons moléculaires entourés de roues libres dont le mouvement était analogue au courant électrique.*

***G.F Fitzgerald**, comparant les éthers de **Maxwell** et de **MacCullagh** en affina les propriétés faisant ainsi de l'éther luminifère (porteur de lumière) de **Maxwell** un très sérieux concurrent que les expériences de **Hertz** confirmeront, mais malgré tout ces efforts, toutes les propriétés de l'optique et de l'électro-magnétisme ne restaient pas sans paradoxe.*

*Puis vinrent les résultats (de 1881 à 1887), de l'expérience de **Michelson et Morley** (10), (à cette époque, on ignorait que la Relativité allait remettre en question l'additivité des vitesses avec celle de la lumière), expérience qui échoua dans sa tentative de mesurer la vitesse de la Terre (30 km/s) par rapport à l'éther censé être fixe, ou immobile, donc soit l'éther n'existait pas, soit il devenait mobile et co-substantiel des corps comme l'avait bien compris **Lucien Romani**. De son côté, Wilhelm Reich, qui rencontrera Einstein en 1941, évoque dans son livre « L'Ether, dieu et le diable », les faits suivants :*

« Il n'existe pas ce qu'on pourrait appeler un « espace vide ». L'espace est doué de propriétés physiques déterminées, quelques unes peuvent être reproduites et contrôlées par des expériences. C'est une énergie bien définie qui est responsable des propriétés physiques de l'espace. Cette énergie a reçu le nom d'« énergie d'orgone cosmique ». Les phénomènes ayant lieu dans le « vide » doivent être en accord avec les propriétés attribuées à l'éther en vue d'expliquer les fonctions des actions de champs dans l'espace tels que la gravitation, la lumière, l'attraction à distance, la transmission de la chaleur du soleil à la terre, etc. Il s'agit de bien comprendre le résultat négatif de l'expérience de Michelson-Morley mise en œuvre pour prouver l'existence de l'éther. Une des hypothèses sur laquelle se fonde cette expérience est celle d'un éther au repos, par conséquent la terre se déplacerait à travers un éther immobile. Or, l'observation de l'orgone atmosphérique prouve que cette hypothèse est incorrecte. Si l'éther représente un concept entrant dans la catégorie de l'énergie d'orgone cosmique, il n'est pas immobile mais se déplace à plus grande allure que la terre. La position du globe terrestre par rapport à l'océan d'orgone cosmique environnant n'est pas celle d'une balle de caoutchouc sur une eau stagnante mais celle d'une balle de caoutchouc se balançant sur des vagues qui déferlent. Les observations orgonomiques commandent impérieusement de distinguer dans la fonction de la lumière, entre **luminescence,** et **excitation** qui elle se déplace dans l'espace à la vitesse de la lumière. La lumière ne se déplace donc pas du tout, mais résulte d'un effet de luminescence de l'orgone (énergie cosmique). Je fais ici allusion au phénomène de la luminescence orgonomique dans le vide poussé, à la lumière diffuse, à l'aurore boréale, à la couronne solaire, à l'anneau lumineux de saturne, etc. Si la lumière est due à la luminescence orgonomique locale et ne se déplace nullement dans l'espace, on comprend fort bien que Michelson n'ait pu constater aucune différence de phase dans les rayons de lumière envoyés dans le sens du courant de l'éther et perpendiculairement à ce courant.../... Les fonctions physiques dans le vide ne doivent pas contredire les fonctions cosmiques qui forment la base du mouvement des planètes. Bien au contraire, elles doivent aboutir à l'intégration de la fonction de l'énergie cosmique originelle aux mouvements des corps célestes. Si des générations de physiciens et d'astronomes n'ont jamais pu démontrer l'existence de l'éther en tant qu'ensemble de fonctions strictement physiques, cette carence doit avoir des raisons précises. Ces raisons se situent dans le fonctionnement de l'observateur et dans les méthodes de raisonnement humain.../... nous devons considérer l'organisme vivant comme une partie organisée de l'océan d'orgone cosmique, partie douée de propriétés particulières que nous appelons Vie, nous ne comprenons pas cet organisme d'une manière bio-énergétique si nous nous en tenons au simple concept mécanique de la notion de potentiel énergétique. Le potentiel orgonomique (énergétique) n'est pas en contradiction avec l'ancien potentiel mécanique. Il explique même comment il est possible qu'un niveau d'énergie plus élevé puisse exister. Il est vrai qu'en acceptant cette fonction, on sonne le glas du deuxième principe de la thermodynamique, de la formulation absolue du principe d'entropie. » (11).

Première question :

*Le Principe d'exclusion de **Pauli** ne va-t-il pas à l'encontre du second principe de la thermodynamique ? N'est-il pas à la base de la systématisation de l'énergie, qui de systèmes en systèmes de systèmes de plus en plus élaborés, fini par produire des molécules prébiotiques puis vivantes ?*

Deuxième question :
*L'expérience d'**Alain Aspect**, ne met elle pas en évidence cette distinction faite par **W. Reich** entre « luminescence » et « excitation photonique » ?*

*En 1905 **Albert Einstein** proposera sa théorie de la Relativité Restreinte, sans éther, et ou la vitesse de la lumière était la même pour tout référentiel inertiel. L'additivité des vitesses avec la célérité de la lumière étant impossible, l'expérience de **Michelson et Morley** n'était-elle pas vouée à l'échec ? Ils n'en détectèrent pas moins une vitesse de 8km/s qui fut attribuée à la marge d'erreur*

possible de leur expérimentation par les physiciens de l'époque, mais pour
Michel Gendrot :

« … Il ne peut être exclu que l'éther ne soit pas fixe, en particulier au voisinage de la Terre. On peut penser qu'au voisinage de la Terre l'éther ne soit pas isotrope et entraîne localement une variation de la vitesse de la lumière. Dans ce cas les mesures sont faussées. L'appareil mesure alors la vitesse orbitale au travers d'une anisotropie inconnue et ce n'est pas du tout la même chose. On ne peut exclure qu'en raison d'influences extérieures, il ne se produise autour de la Terre des perturbations affectant l'éther environnant, comme par exemple en raison de la présence de la Lune, dont on sait que les répercussions terrestres sont considérables, les marées par exemple » (10).

Bien d'autres expériences auront lieus au cours du 20è siècle, notamment celles de **Dayton C. Miller** *sur les conseils de* **Morley** *en 1925 et 1926. Celles-ci confirment les 8 km/s annoncé par* **Morley** *en 1887. C'est un tollé pour les relativistes.* **Einstein** *interviendra alors dans la discussion déclarant dans la revue américaine «* **Science** *» le 31 juillet 1925 :*

« … si les résultats du **Dr Miller** venaient à être confirmés, la Théorie de la Relativité restreinte, de même que la Théorie Générale dans sa forme actuelle, s'écroule. L'expérience est le juge suprême. Seule demeure l'équivalence de l'inertie et de la masse, ce qui conduirait à une théorie complètement différente ».

Ayant étudié la théorie de l'éther de **Lorentz,** *Einstein constate que celui-ci constitue un repère préférentiel, concept qu'il rejette car cela introduirait une asymétrie inacceptable entre les lois de la mécanique et l'électromagnétisme, or la Relativité Restreinte postule l'équivalence totale des lois de la physique quelque soit le référentiel. Il faudrait donc pouvoir lever cette asymétrie.*
Lorentz *insistera auprès d'***Einstein** *et après 1915, après l'avènement de la Relativité Générale,* **Einstein** *acceptera d'éclaircir sa position dans une célèbre conférence donnée à l'Université de Leyde le 5 mai 1920 et intitulée : «* **L'éther et la théorie de la Relativité»** *(12). Car entre temps, sa théorie aura subi de nombreuses attaques, venant notamment du physicien* **Lenard,** *qui publiera un article intitulé : «* **Principe de relativité, Ether, Gravitation** *» ou il tentera de démontrer que la Relativité Générale recyclait le concept d'éther en le renommant tout simplement « espace ».*
Einstein *conclura sa conférence sur ces mots :*

« …/… selon la théorie de la R.G, l'espace est pourvu de propriétés physiques, et dans ce sens, par conséquent, il existe un éther. Un espace sans éther est impensable, car dans un tel espace il n'y aurait pas de propagation de la lumière et aucune possibilité d'existence pour un espace et un temps standard (mesuré par des règles et des horloges), ni par conséquent pour les intervalles d'espace-temps dans le sens physique du terme. Cependant, cet éther ne peut pas être conçu comme pourvu des qualités d'un médium pondérable et comme constitué de parties ayant une trajectoire dans le temps. L'idée de mouvement ne peut pas lui être appliquée ». *Telle était la position d'Einstein.*

***Hermann Weyl**, en 1922, résumera la différence essentielle entre l'éther d'**Einstein** et ceux de **Lénard et Lorentz**. Ce dernier était un continuum tridimensionnel et un medium substantiel, rigide et non influencé par la matière ; celui d'**Einstein** est non-substantiel et ne comporte pas de « point » dont on peut suivre le mouvement dans l'espace, l'espace est doté d'un « champ d'états » possédant une réalité physique interagissant avec la matière et influencée par elle.*

*De nos jours, les Quanticiens appellent le « vide » : « Énergie du point zéro », ou « fluctuations du vide quantique », ou « champ de Higgs », les cosmologistes l'appellent « Constante cosmologique », ou « fond diffus cosmologique », ou « énergie sombre»... dont les propriétés sont tout aussi étranges que celles de l'éther ; mais plus personnes ne souhaite, visiblement, retourner aux hypothèses d'avant 1905, même si certaines expériences d'optique semblent contredire le postulat d'**Einstein**, à savoir qu'aucun signal ne peut se propager plus vite que la vitesse de la lumière. Pour les partisans de l'Ether, la gravitation provient d'un gradient de densité dans l'Ether, pour une pression donnée le gradient est en $1/c^2$, et la pression est modifiée par la formule de **Lorentz**. La courbure de l'Espace-Temps implique le couplage de l'Espace et du Temps, or celui-ci est inutile puisque le gradient de densité dans l'Ether remplace la courbure... etc... Les partisans de l'Ether cependant, ne sont pas toujours d'accord entre eux sur tout. L'Ether est compressible, certes, mais l'est-il à l'infini ? <u>S'il devient incompressible, il propage les interactions avec une célérité infinie, autrement dit, des interactions instantanées quel que soit la distance.</u> Or les étoiles, sont bien des lieux, dans l'espace, ou la pression gravitationnelle qui la comprime, est contrecarrée par une force opposée et égale qui est la force de rayonnement produite par les réactions nucléaires internes. Des interactions instantanées, à mon sens, d'étoile à étoile, ne seraient donc pas impossibles. L'expérience d'**Alain Aspect**, de 1982, concernant le paradoxe EPR, et pour laquelle il obtiendra le prix Nobel en 2022, nous démontre une « action instantanée à distance » ; du coup, l'idée de référentiel absolue Newtonien refait quelque peu surface. Reste à interpréter les propriétés de ce « bain thermique à 3 degrés kelvin » évoqué par **Alain Connes,** d'une part, et celles du champs de **Higgs** d'autre part. La Théorie Générale de l'Univers Physique de **Lucien Romani**, admet, quant à elle, que l'information (qui est un nombre, sans dimensions), puisse se propager à une vitesse supérieure à celle de la lumière. Car :*

« Un nombre ne dépend pas de l'observateur quelle que soit la vitesse de celui-ci ». *Et, d'autre part* : « Le fait que l'information soit, en principe, totalement découplée de l'énergie doit pouvoir ouvrir la voie à des applications spectaculaires. Il semble bien que ces applications aient été déjà amorcées par les êtres vivants (y compris les humains) dont les performances télépathiques ne peuvent plus être niées raisonnablement aujourd'hui, quelque surprenantes qu'elles puissent paraître. La Théorie de l'Ether constitutif met à notre disposition, deux espèces d'ondes : les transversales, électromagnétiques, et les longitudinales (*brogliennes*). Comme il a été démontré que la télépathie n'utilise pas les premières, force est d'admettre qu'il s'agit des secondes. Celles-ci étant toujours « en paquet », on peut dépasser la célérité de la lumière dans le vide en jouant sur la vitesse de phase. C'est bien le meilleur signal possible : vitesse et portée illimités, obstacles inopérants !.../… Il n'est plus nécessaire de rejeter le temps Newtonien car on peut obtenir la transformations de Lorentz à partir de l'élasticité de l'Ether et expliquer le résultat négatif de l'expérience de Michelson. » (L.Romani, Théorie Générale de l'Univers physique, T2, pages 184-186).

Revenons maintenant à nos produits dimensionnels, dès lors que la somme des exposants des dimensions du produit dimensionnel en question n'est plus égale à 0, nous nous retrouvons, obligatoirement, avec deux résultats différents.
*C'est le cas, entre autres, de la **Pression énergétique P_r ($M^1L^{-1}T^{-2}$)**, mais également de **l'accélération g ($L^1.T^{-2}$)**, de l'énergie E ($M^1.L^2T^{-2}$), de l'impulsion **p (M.L.T $^{-1}$)**, ainsi que de la constante **ℏ de Planck, ($M^1.L^2.T^{-1}$)**, qui est un quantum d'action, ou unité de moment cinétique, soit une quantité de mouvement p (MLT^{-1}) multipliée par une coordonnée d'espace q (L)).*
*C'est **Heisenberg** qui proposera sa célèbre relation de non-commutation entre p et q, en considérant la différence entre le produit pq et le produit qp comme égal à la constante de Planck h, multipliée par $(2\pi i)^{-1}$. (Avec $i = \sqrt{-1}$). (13).*
*Ainsi : **pq – qp = -iℏ***

Autrement dit, toute multiplication entre une coordonnée d'espace et une quantité de mouvement devient non-commutative, tout comme avec les quaternions. <u>Le principe d'Heisenberg n'est pas un principe d'indétermination, mais un principe de non-commutativité !</u>
*Comment l'interpréter ? Il va de soi que cela ne va pas sans poser de graves interrogations sur la nature du monde quantique et de sa logique, logique non-aristotélicienne, comme l'avait bien compris **Von Neumann** et que **Stéphane Lupasco** développera dans ses moindres détails.*

__i (√-1), et l'extension de la règle des signes. Non commutativité et quaternions. Champs nucléaires et non nucléaires de L. Romani, courbure & torsions.__

> *A propos de i, rappelons que i est la moyenne géométrique (G) de +1 et de -1.*
> $i = (+1 . -1)^{0,5}$
> *La moyenne géométrique est également la moyenne de la moyenne arithmétique [(A+B)/2] et de la moyenne harmonique [(2AB)/(A+B)].*
>
> *Donc, [(A+B)/2] que multiplie [(2AB)/(A+B)] = AB*
>
> *et la racine carrée de [(A+B)/2] . [(2AB)/(A+B)] = la racine carrée de AB, qui est la moyenne géométrique de A et B.*
> *Lorsque A et B = +1 et -1, leur moyenne géométrique = √-1 = i*
> *leur moyenne arithmétique = 0.*
> *Et leur moyenne harmonique = -∞*
> *Donc : $(0.-∞)^{0,5}$, est homogène, ou égal, à $(+1.-1)^{0,5}$ qui est la racine carrée de -1, soit l'unité imaginaire i.*
> *i = la racine carrée du produit 0.-∞*

Surprenant, non ?

> *Les nombres complexes a + bi et a - bi sont dits complexes conjugués. Et l'opération de « conjugaison » - autrement dit, le passage d'un nombre complexe à son complexe conjugué (ou, de manière équivalente, l'inversion du signe de la partie imaginaire d'un nombre complexe) - est une symétrie fondamentale du système des nombres complexes. Certains systèmes de nombres admettent un ensemble sidérant de symétries, de miroirs internes. L'un des grands défis de l'algèbre moderne est de comprendre et utiliser ces miroirs internes.*
> Barry Mazur

> *Le génie, c'est la capacité de traiter comme réels des objets imaginaires.*
> Novalis

> *La permanence de certaines notations symboliques pourrait faire penser que les entités mathématiques constituent un univers tout à fait stable. Mais c'est certainement une illusion. Quel est le sens « véritable » du symbole i ?*
> Pierre Thuillier

En fait, les nombres dits « imaginaires », sont issus des racines carrées de nombres réels négatifs. Ils sont donc tout aussi réels que les nombres dit réels. Simplement la règle des signes nous empêche de leurs trouver une solution. Il nous faut donc accepter l'idée d'une extension de la règle des signes classique.
En effet : __+i que multiplie +i = -1__
A la règle des signes classiques, nous devons ajouter une « règle des signes inversée ».
C'est __Sir William Rowan Hamilton__ (1805-1865), le « second Newton », qui étendra la notion de nombre complexe, de la forme A+Bi, à l'espace à trois dimensions en découvrant les quaternions (ou nombres hypercomplexes).

*Ces nombres sont de la forme **A + bi + cj + dk***

A est la partie réelle, c'est un scalaire ; bi + cj + dk, la partie « imaginaire », forme un vecteur ou espace à trois dimensions avec ces trois entités imaginaires que sont i j et k.

Comme l'écrit Dominique Flament (14), les quaternions (Q) satisfont à toutes les propriétés vérifiées par les nombres complexes, exception faite de la commutativité de la multiplication. Pour deux quaternions A et B, on a donc :

***AB ≠ BA**, ce qui implique, deux géométries, ou deux types d'espace sous-jacents.*

Les relations entre ces trois entités, décryptées par Sir Hamilton sont :

ij = -ji = k ; ji = -ij = -k

jk = -kj = i ; kj = -jk = -i

ki = -ik = j ; ik = -ki = -j

i² = j² = k² = ijk = -1,** et, ce qui est plus surprenant, **kji = +1

*Nous sentons une relation subtile s'établir entre ijk (ou kji), et les nombres d'Eiseinstein, de la forme A+BJ, ou J est la racine cubique de l'unité, (positive ou négative). J a donc 3 valeurs possibles dont la somme = 0, et le produit = +1 ou -1, **(tout comme kji ou ijk).***

Ces 3 valeurs sont :

-1 ; [+0,5 + (i√3)/2] ; et [+0,5 – (i√3)/2] pour la racine cubique de -1.

Et :

+1 ; [-0,5 + (i√3)/2] ; et [-0,5 – (i√3)/2] pour la racine cubique de +1.

*Que penser de tout cela ? Si ce n'est, comme le démontrera **John Von Neumann** (1903-1957), que la logique quantique n'est pas cohérente avec la logique du <u>tiers-exclu</u> d'**Aristote** ! C'est **Stéphane Lupasco** (1900-1988), spécialiste de : « La logique dynamique du contradictoire fondée sur la notion du <u>tiers-inclu</u> » qui en développera tous les paramètres algébriques avec des conséquences inattendues à de très grandes échelles. Statistiquement, notre Univers aurait une triple orientation systémique, un univers macrophysique (le notre, sur un dominé biologique, nous, la biosphère...), un univers macrobiologique, composé, selon les probabilités, d'anti-matière de masses positives, et un univers macropsychique (13).*

*Pour **Lucien Romani** :*

« Les Relativistes ont manqué le coche par la faute d'un Professeur d'Einstein. Il l'a lancé sur le calcul des tenseurs (qu'il avait récemment inventé) et, en particulier, sur les quadrivecteurs dans l'espace-temps de Minkowski, lequel ne peut pas représenter l'espace physique.../... en résumé, l'espace physique est tridimensionnel, euclidien, vectoriel et peut-être muni d'une métrique. ».../... « On doit conserver le formalisme de la Relativité restreinte, avec une autre base, mais il faut rejeter la Relativité générale et les tenseurs amalgamant le temps et l'espace. On doit les remplacer par les quaternions dont la partie non vectorielle fournit la quatrième composante. Deux quaternions fondamentaux suffisent pour décrire, en principe, tous les phénomènes physiques ».(3)

L'ensemble de ses travaux, conduiront L. Romani à mettre en évidence l'existence de six champs, combinant la courbure et la torsion.

(La masse est toujours homogène à la courbure, la charge électrique est homogène à une hélicité (torsion/courbure).

Il y a 3 champs nucléaires et 3 champs non nucléaires, duo deux à deux.

Tableau n°1 (extrait de : « Structure des grandeurs physiques », éd. Blanchard, 1989.)

Repères	Grandeur géométrique de base	Son produit dimension-nel	Corps d'épreuve	Champ	Son produit dimensionnel	P.D du pseudo corps d'épreuve
I	Courbure/ Courbure	L^0	nombre	Nucléaire faible	——> $L^0 T^{-2}$	——> $L T^{-1}$
II	Courbure	L^{-1}	masse	gravita-tionnel	——> $L T^{-2}$	——> $L^0 T^{-1}$
III	Courbure x Courbure	L^{-2}	quant	3è champ nucléaire	——> $L^2 T^{-2}$	——> $L^{-1} T^{-1}$
IV	Torsion/ Courbure (hélicité)	$\overline{L^0}$	charge	électrique	↳ AT^{-2}	LT^{-1}
V	Torsion	$\overline{L^{-1}}$	mag	Nucléaire fort	↳ ALT^{-2}	$L^0 T^{-1}$
VI	Torsion x Courbure	$\overline{L^{-2}}$	torse	3è champ non nucléaire gyroscopique	↳ $AL^2 T^{-2}$	$L^{-1} T^{-1}$

Le boson du champs VI, de spin 0 selon L. Romani, pourrait correspondre au boson de Higgs.

*Dans la classification du mathématicien français **Elie Cartan** (1869-1951), les espaces sont repérés par deux quantités, **<u>la courbure et la torsion.</u>***

L'espace de la Relativité générale est de torsion nulle (avec courbure).

***Einstein** introduira un nouvel espace, pour le champ électromagnétique, avec torsion mais sans courbure. Mais aucun résultat ne viendra valider sa tentative de nouvelle théorie « unitaire ».*

Il ne pensera pas, à priori, à l'hélicité de la charge, (torsion/courbure).

<u>L'ensemble de ces données modifie bien évidemment la métrique (g_{uv}) du tenseur d'Einstein dans son équation de champs.</u>

SYSTÈMES D'UNITÉS :

Revenons maintenant sur les deux systèmes principaux d'unités, celui des quanticiens, (avec les unités de Planck), et celui des cosmologistes, (avec la masse, le rayon et l'âge de l'univers visible), repris dans le tableau suivant :

Tableau 2

Dimensions et formules.	**Unités de Planck. p** *(en kilogrammes, mètres et secondes).*	**Unités Cosmologiques de l'Univers observable. u**	**Rapports u/p** = $\sqrt{(6,3.10^{121})}$
Masse M. $[(\hbar .c)/G]^{0,5}$ $[(Q^2.K_c)/G]^{0,5}$ *(avec Q la charge).* $[(F.\hbar)/c^3]^{0,5}$ **p/c** *(avec p l'impulsion)*	$M_p =$ $2,176.10^{-8}kg$	$M_u =$ $1,728.10^{53}kg$	$7,93.10^{60}$ $= Q_u / Q_p$ $= M_u /M_p$ $= R_u / L_p$ $= T_u /T_p$ *(voir tableau 5)*
Longueur L *(ou Rayon R).* $[(\hbar .G)/c^3]^{0,5}$ $[(Q^2.G.K_c)/c^4]^{0,5}$ **(p.G)/c³** $[(c\hbar)/F]^{0,5}$	$L_p =$ $1,616.10^{-35}m$	$R_u =$ $1,28284.10^{26}m$	$7,93.10^{60}$
Temps (durée) T. $[(\hbar .G)/c^5]^{0,5}$ $[(Q^2.G.K_c)/c^6]^{0,5}$ **(p.G)/c⁴** $[(\hbar) / (c.F)]^{0,5}$	$T_p =$ $5,39.10^{-44}s$	$T_u =$ $4,2788.10^{17}s$	$7,93.10^{60}$

Pour chaque dimension, dans ce tableau, nous avons intégrés plusieurs formules. Les constantes F, K_c, G et c ont mêmes valeurs dans nos deux systèmes d'unités, mais, rappelez-vous, ce n'est pas le cas pour l'impulsion, p, la charge, Q, la pression, l'énergie, l'accélération g ou la constante $\hbar$...

La charge $Q = I.T$ (avec I l'intensité, qui se mesure en ampère (A), et T le temps, qui n'a pas même valeur dans nos deux systèmes d'unités.
L'une des formules de l'ampère (A) est :

$$A = [(c^6)/(G.K_c)]^{0,5}.$$

Elle met donc en jeu trois constantes qui ont même valeurs dans nos deux systèmes d'unités, de fait, l'ampère ne peut avoir qu'une seule valeur.
L'intensité est un débit de charges par unité de temps :

$$I = Q/T.$$

*Si la charge est un nombre, sans dimensions, l'intensité I doit être homogène à l'inverse d'un temps, T^{-1}, dimension de la fréquence temporelle, (voir tableau 3). Notons que si I^{-1}, est homogène à T, le temps, sa valeur est différente de celle du temps de **Planck**.*
Cette parité, entre l'intensité I, et l'inverse d'un temps, T^{-1}, transparaît lorsque nous comparons l'ensemble des 12 formules du tableau 3 qui met en parallèles constantes électromagnétiques d'une part, (tension (U), résistance (R) et intensité (I)), et constantes de la dynamique d'autre part, (énergie (E), quantum d'action (h), et fréquence (f)).
Dans le tableau suivant, <u>la tension est synonyme d'énergie, la résistance remplace la constante h, et l'intensité joue le rôle de la fréquence.</u>

Ainsi : $Q \equiv T^{-1}.T = T^{0} =$ Nombre.

Tableau 3

Électromagnétisme, avec :	Thermodynamique & dynamique, avec :
P $(M L^2 T^{-3})$ *la puissance* U $(M L^2 T^{-2} Q^{-1})$ *la tension* R $(M L^2 T^{-1} Q^{-2})$ *la résistance* I $(T^{-1} Q^{1})$ *l'intensité*	P $(M L^2 T^{-3})$ *la puissance* E $(M L^2 T^{-2})$ *l'énergie* h $(M L^2 T^{-1})$ *l'action* f (T^{-1}) *la fréquence*

$P = U\,I$
  $= R\,I^2$
  $= U^2 / R$
	$P = E\,f$
	  $= h\,f^2$
	  $= E^2 / h$

$U = R\,I$
  $= P / I$
  $= (P\,R)^{0,5}$
	$E = h\,f$
	  $= P / f$
	  $= (P\,h)^{0,5}$

$R = U / I$
  $= U^2 / P$
  $= P / I^2$
	$h = E / f$
	  $= E^2 / P$
	  $= P / f^2$

$I = U / R$
  $= P / U$
  $= (P / R)^{0,5}$
	$f = E / h$
	  $= P / E$
	  $= (P / h)^{0,5}$

Dimensions et Nombres, nous amènent à concevoir l'existence possible de 4 plans cosmologiques distincts.

Les nombres, se révélant être issus de L^0, M^0, ou T^0, nous obligent à considérer un 3è et un 4è plan, quantitatif et qualitatif, tous deux sont a-spatial et a-temporel et nous introduisent dans le domaine de la non-localité.

La difficulté réside dans la compréhension que nous pouvons avoir de la notion de « Qualité » d'un nombre. Nous pouvons, néanmoins, rapprocher ces deux notions, (quantité et qualité), du parallèle établit par **Lucien Romani** *entre l'évolution de la matière inerte vers la matière vivante d'une part, et l'évolution des nombres d'autre part.*

Car, « de l'hydrogène à l'hémoglobine, écrit-il, *on ne voit nulle part de hiatus, la complexité croit de manière parfaitement cohérente et progressive ».*

En comparant, étape par étape, ces deux types d'évolution, celle des nombres et celle des molécules, **Lucien Romani** *constate qu'à un moment donné, la nature des nombres change profondément, et c'est à ce point homologue que les molécules deviennent vivantes.*

La correspondance entre ces deux types d'évolution peut se résumer ainsi :

NOMBRES   ===>   *MOLÉCULES*

Nombres entiers.   *Monomères simples.*

Nombres fractionnaires finis.   *Hydrocarbures aliphatiques.*

Nombres à fraction décimale périodique.   *Polymères répétitifs.*

Nombres imaginaires.   *Acides aminés.*

Nombres transcendants.   *Polymères non répétitifs codés, (acides nucléiques, hétéroprotéines...).*

Nombres et dimensions, semblent définir une organisation cosmique sur quatre niveaux :

Tableau 4   (Le signe $\equiv$ signifie « homogène à ».)

Plans Cosmologiques	*Nombres et Dimensions*	*Constantes*	*Domaines*
4ème Plan A-Temporel Et A-Spatial (Non localité)	*Information Organisation (Néguentropie Entropie)*	*Nombres*	*Vibratoire*

3ème Plan A-Spatial et A-Temporel (Non localité)	L^0 T^0 M^0	Nombres μ_o , Q α 4π ...	Substantiel
2ème Plan A-Spatial et Temporel (physiologique)	T	$L^x.T^y$ (avec x et ou $y \neq 0$)	Énergétique et matériel
1er Plan A-Temporel et Spatial (morphologique)	$L \equiv M^{-1}$		

N'oublions pas qu'un nombre, ne dépend pas de la vitesse de l'observateur, quelque soit la vitesse de celui-ci.

Présentons maintenant nos autres constantes :
E l'énergie (ML^2T^{-2}), g l'accélération (LT^{-2}), P_r la pression ($ML^{-1}T^{-2}$), p l'impulsion (MLT^{-1}), $\hbar$ (ML^2T^{-1}), ...
qui ont deux valeurs différentes selon le système d'unités employé, celui des Quanticiens, ou celui des Relativistes, *ceci étant du au fait que la somme des exposants des dimensions de leurs produits dimensionnels respectifs, est inégale à 0. (Nous pouvons cependant les harmoniser, mathématiquement parlant, par l'usage de constantes de couplage).*

Tableau 5

Constantes & **formules**	**Unités de** **Planck**	**Unités** **Cosmologiques** (Univers observable)	**Rapports**
Énergie E ($M.L^2T^{-2}$) $[(\hbar.c^5)/G]^{0,5}$ $[(Q^2. K_c .c^4)/G]^{0,5}$ $p.c$	$1,956.10^9 = E_p$	$1,553.10^{70} = E_u$	$7,93.10^{60}$ = racine carrée de $6,3.10^{121}$
Pression P_r ($M.L^{-1}T^{-2}$) $c^7/(\hbar .G^2)$ $c^8/(Q^2.K_c.G^2)$	$4,635.10^{113} = P_p$	$7,356.10^{-9} = P_u$	$6,3.10^{121}$
Accélération g ($L.T^{-2}$) $[c^7/(\hbar .G)]^{0,5}$ $[c^8/(Q^2.K_c.G)]^{0,5}$ $c^5/(G p)$	$5,56.10^{51} = g_p$	$7,006.10^{-10} = g_u$	$7,93.10^{60}$

Constante $\hbar$ *Moment cinétique Orbital (ML^2T^{-1})* *($E^2.G$)/c^5* *($Q^2.K_c$)/c* *($p^2.G$)/c^3* *$Q^2 R$ (avec R la résistance)* *(PQ^2)/ I^2 (avec P la puissance)*	*1,054.10^{-34} =* *$\hbar_p$*	*6,646.10^{87} = $\hbar_u$*	*6,3.10^{121}*
Impulsion p (MLT^{-1}) *[($\hbar.c^3$)/G]^{0,5}* *[($Q^2.K_c.c^2$)/G]^{0,5}* *E/c*	*6,5248 = p_p*	*5,17.10^{61} = p_u*	*7,93.10^{60}*
Charge électrique Q *(I.T)* *[($c.\hbar$)/K_c]^{0,5}* *[($2.h$)/($c.\mu_o$)]^{0,5}* *($\hbar$ / R)^{0,5}* *(avec R la Résistance en ohms)*	*1,875.10^{-18} =* *Q_p*	*1,489.10^{43} = Q_u*	*7,93.10^{60}* *= Q_u / Q_p*
Intensité I (en ampère) *[c^6/($G.K_c$)]^{0,5}* *[($c^5.Q^2$)/($\hbar G$)]^{0,5}* *[($F.c$)/ R]^{0,5}* *[($F.4\pi$)/μ_o]^{0,5}* *[c^5/($G.R$)]^{0,5}* *[c^4/($G.K_c.\varepsilon_o.\mu_o$)]^{0,5}* *[($P.Q^2$) / $\hbar$]^{0,5}*	*3,479.10^{25}*	*3,479.10^{25}*	*1*

Nota : La charge électrique (Q) est une quantité d'électricité en mouvement, donc un courant, ou un débit, d'intensité I de une ampère pendant une durée (T) de une Seconde. Q = I.T (ou ampère.seconde).

__Max Planck__ (1858-1947) lui-même, s'interrogeait sur la signification profonde de sa constante $\hbar$. Ce quatrième nombre quantique, indispensable au principe d'exclusion de Pauli et caractéristique des particules, sera modélisé par deux étudiants néerlandais : __Uhlenbeck et Goudsmit__ comme étant une rotation de l'électron autour de son axe, on le nommera donc Spin (tournoiement, en anglais), bien que sa réalité physique soit autrement plus complexe. __W. Pauli__ (1900-1958), estimait que le Spin ne pouvait pas être expliqué, ni décrit, par un simple mouvement d'électron. Construisant une *mécanique ondulatoire relativiste, **Paul Dirac** (1902-1984) se voit obligé d'attribuer quatre composantes à la fonction d'onde. L'électron issu de ses équations se comporte comme un petit aimant tournant, c'est l'électron magnétique de **Dirac**, dont le moment magnétique et le moment cinétique constituent le <u>Spin qui apparaît naturellement dans ses équations</u>. **De Broglie** écrira :*

« L'on comprend pourquoi il y a quatre composantes de la fonction d'onde en théorie de Dirac au lieu de deux en théorie de Pauli : l'existence du Spin oblige à dédoubler la fonction en deux composantes et l'existence de la relativité oblige à dédoubler de nouveau chacune de ces deux composantes ». (15)

*Ces 4 états ou composantes de la fonction d'onde impliquent deux états d'énergie cinétique positive, et deux états d'énergie cinétique négative. Dans son livre, « **Les Principes de la Mécanique Quantique** », **Dirac** consacrera le dernier paragraphe à la « signification physique des solutions d'énergie négative ». Car qui dit énergie négative, dit masse négative ! <u>Nous avons donc deux états de masse positive (l'une de charge électrique négative comme l'électron, l'autre d'électricité positive comme son anti particule le positon), et deux états de masse négative (l'un chargé négativement et l'autre de charge positive).</u>*

*Comme le dira **Louis De Broglie** :*

« Un électron dans l'un de ces états (d'énergie négative) devrait posséder des propriétés étranges : pour augmenter sa vitesse, il faudrait lui retirer de l'énergie, le freiner ; pour l'amener au repos, il faudrait au contraire lui en fournir. » (15)

Lorsque nous passons de l'échelle de la particule de Planck à celle de l'électron, nous constatons que masse et longueur varient en sens inverse l'une de l'autre.

$$M_p . L_p = Q_p^2 . 10^{-7} = 3,5176.10^{-43} = R_B . M_B = r_i . M_é = R_c . M\alpha_{ém}^{-1} = \hbar/c$$

donc $(r_i . M_é) / Q_é^2 = 10^{-7} \alpha_{ém}^{-1})$.

$(r_i$ *est le rayon interne de l'électron,* $r_i = 3,86159.10^{-13}$,
$M_é$, *la masse de l'électron* $= 9,10938.10^{-31}$, $M_B = (M_é . \alpha_{ém})$.
$R_B = (r_i / \alpha_{ém})$
R_B *et* M_B *sont le rayon de **Bohr** et la masse de **Bohr** de l'électron.*
r_i *est la **moyenne géométrique de** R_B **et de** R_c (le rayon classique de l'électron).*

$$M_B \, r_i = M_é \, R_c = 2,56697.10^{-45} = Q_é^2 . 10^{-7}$$

Nous voyons que plus la masse de Planck diminue, pour atteindre la valeur de la masse de l'électron, plus la longueur de Planck augmente pour rejoindre celle de l'électron. Donc nous avons une relation antagoniste et complémentaire entre masse et longueur, $M^{-1} \equiv L$.

*Plus précisément, $M^{-1} \equiv \alpha_{ém} L$ (**Lucien Romani**). Donc $M \equiv \alpha_{ém}^{-1} L^{-1}$*

*La Relativité Générale d'**Albert Einstein** (1879-1955) démontre que la masse M contient un facteur L^{-1}, La masse est donc homogène à L^{-1}, et inversement, la longueur L à M^{-1}.*

*(Pour **L. Romani**, tous les produits dimensionnels de la forme $M^x\ L^y\ T^z$, peuvent-être remplacés par $L^x\ T^y$, auxquelles il faut rajouter l'angle en radian).*

Le rapport $ML / Q^2 = 10^{-7}$

Et nous avons aussi :

$$K_c / c^2 = R_p / c\ =\ 10^{-7}\ ML / Q^2$$

$$F_p / I^2 = 10^{-7}\ ML / Q^2$$

$$\mu_o / 4\pi = 10^{-7}\ ML / Q^2$$

$$1/(4\pi\varepsilon_o\ c^2) = 10^{-7}\ ML / Q^2$$

10^{-7} qui relie également la charge nucléaire forte à la charge nucléaire faible !
Et si l'on ramène 10^{-7} à l'unité, on a : $ML = Q^2$.
Avec les données de l'électron, nous remarquons que :

$$\boxed{Q_é^2/M_é =\ R_é /10^{-7} = 2,8179.10^{-8}\ L}$$

CONSTANTES de COUPLAGE *(= nombres, sans dimensions).*

Nous connaissons les formules pour calculer la constante de structure fine électromagnétique ($\alpha_{ém}$) pour les charges (Q), ainsi que pour la constante de couplage gravitationnelle (α_G) pour les masses.
Il va de soi qu'il nous en faut d'autres pour les autres dimensions que sont :
le temps, la longueur, l'intensité I, et le flux magnétique (en Weber :Wb).

$Wb = 2,067833.10^{-15}\ ML^2T^{-1}\ Q_é^{-1} = h / 2Q_é$

Constantes de couplage (sans dimensions) *(En caractères gras les constantes invariantes).*	En unités de Planck (à l'échelle de la particule de Planck*)	À l'échelle de l'électron
$\alpha_{ém}=(1/4\pi\varepsilon_o).[Q^2/ (\hbar .c)]$	*$\alpha_{em}=(1/4\pi\varepsilon_o).[Q_p^2/ (\hbar .c)]$* *= 1*	*$\alpha_{em}=(1/4\pi\varepsilon_o).[Q_é^2/ (\hbar .c)]$* *= 0,00729735…*

$\alpha_G = (G.M^2) / (\hbar.c)$	$\alpha_G = (G.M_p{}^2) / (\hbar.c)$ $= 1$	$\alpha_G = (G.M_é{}^2) / (\hbar.c)$ $= 1,7518 . 10^{-45}$
$\alpha_T = [(Fc^2).(T^2)] / (\hbar.c)$	$\alpha_T = [(F_p\, c^2).(T_p{}^2)] / (\hbar.c)$ $= 1$	$\alpha_T = [(Fc^2).(T_i{}^2)] / (\hbar.c)$ $= 5,708.10^{44}$
$\alpha_L = (F.L^2) / (\hbar.c)$	$\alpha_L = (F_p .L_p{}^2) / (\hbar.c)$ $= 1$	$\alpha_L = (F.r_i{}^2) / (\hbar.c)$ $= 5,708.10^{44}$ $= 1/(1,7518.10^{-45})$
$\alpha_I = [(ML^3Q^{-2}).\, I^2] / (\hbar.c)$	$\alpha_I = [(M_pL_p{}^3Q_p{}^{-2}).I^2]/(\hbar.c)$ $= 1$	$\alpha_I = [(M_BR_B{}^3Q_é{}^{-2}).I^2]/(\hbar.c)$ $= 1,468.10^{51}$
$\alpha_{mag} = (1/\mu_o). [Wb^2 / (\hbar.c)]$	$\alpha_{mag} = (1/\mu_o).[Wb_P{}^2/ (\hbar.c)]$ $= 1$ *(avec Wb de Planck =* $h/(Q_p.\sqrt{\pi}) = 1,9932.10^{-16}$ *)*	$\alpha_{mag} = (1/\mu_o). [Wb^2 /(\hbar.c)]$ $= 107,627822…$

** Particule hypothétique.*

α_I**,** *multipliée par la force de Bohr* $(8,2387.10^{-8})$*, nous redonne bien la force de Planck* $(1,2102.10^{44})$*.*

Pour α_L*, calculée avec le rayon intermédiaire de l'électron* (r_i)*.*

$$\alpha_L = (F.r_i{}^2) / (\hbar.c) = 5,707.10^{44} = \alpha_T$$

Elle est l'inverse exacte de α_G *calculée avec la masse de l'électron.*
D'où la relation $M = L^{-1}$*, et nous constatons également que* $L \equiv T$*, donc* $M \equiv T^{-1}$*.*

Comment justifier α_{mag} ?

Elle apparaît naturellement, nous l'avons vu, dans le calcul suivant de la pression de **Planck** (P_r) *:*

$$P_r = B^2 / (\mu_o . \alpha_{mag}) = 4,633.10^{113}\ ML^{-1}T^{-2}$$
(avec **B** *le champ magnétique en Tesla). (1 Tesla =* $\pi MT^{-1}Q_é{}^{-1} = 7,916.10^{54}$*)*

$$P_r = (c^4 B) / (G\ Wb) = (E\ Q_é\ B) / Wb$$ *(avec E le champ électrique =* $7,55.10^{62}$*)*

$P_r = 4,633 . 10^{113} (M_p L_p{}^{-1}T_p{}^{-2})$*, la pression est une force F divisée par une surface* L^2*, ou une énergie par unité de volume,* E/L^3*.*

Nous constatons que :

$$\alpha_{mag} . \alpha_{ém} = \pi/4 = (K_c Q_é{}^2 Wb^2) / (\mu_o\ \hbar^2 c^2)$$

$$\pi/4 \ = \ (Q_é^2 \ Wb^2) \ / \ (4\pi \ \hbar^2) = 0{,}785\,398\,162\ldots$$

$$4\pi \ = \ 8\alpha_{mag} . 2\alpha_{ém} = 4\alpha_{mag} . 4\alpha_{ém}$$

$$\mu_o = 4\pi .(R_c \ M_é) \ / \ Q_é^2 \ = \ 4\pi .(R_i \ M_B) \ / \ Q_é^2 = nombre.$$

4π est un nombre.
$ML \equiv L^{-1} \, L = L^0$ est un nombre.
Et Q, la charge, $= IT \equiv T^{-1} \, T = T^0$ est un nombre.

NOMBRES, FORMULES & CONSTANTES.

En dehors des unités de Planck, toute constante peut-être définie, identifiée, par ses rapports, ses relations, avec d'autres constantes. A la base de leur existence, nous avons des interactions de champs, à partir desquelles, apparaissent, nombres et dimensions, elles semblent toutes liées les unes aux autres et l'analyse dimensionnelle nous le confirme. Logiquement, nous devrions pouvoir remplacer les unités de Planck (M, L, Q et T) par celles de l'électron :
R_c (le rayon classique de l'électron = $2{,}8179.10^{-15} = r_i \, \alpha_{ém} = R_B \, \alpha_{ém}^2$)
$M_é$ (la masse de l'électron = $9{,}1093837.10^{-31}$)
M_B (la masse de Bohr = $M_é \, \alpha_{ém}$). V_B (la vitesse de Bohr = $c\alpha_{ém} = 2187691 \ ms^{-1}$)
$Q_é$ (la charge électrique élémentaire = $1{,}6021766.10^{-19}$)

La constante h de Planck
(Constante de proportionnalité entre l'énergie et la fréquence, (E=hf), tout comme la résistance l'est entre la tension et l'intensité, (U=RI).

$$h \ = \ M_p \, L_p^2 \, T_p^{-1} = 2 \, Q_é \, Wb$$

$$2h = \ Q_p^2 .c.\mu_o = \ Q_p^2 / (c.\varepsilon_o) = \ Q_é^2 / (\alpha_{ém} \, \varepsilon_o \, c)$$

$$\hbar = h/2\pi = (Q_é \, Wb)/\pi = (Q_é^2 \, \alpha_{magn}) / (\varepsilon_o \, c \, \pi^2) = (\varepsilon_o \, c \, Wb^2) / \alpha_{magn}$$

$$\hbar \ = \ M_é.r_i. \, c \ = \ M_é.r_i^2 . \, T_é^{-1} \ = M_é \, R_B \, V_B = (K_c.Q_é^2) / V_B = M_B .R_B . c$$

($T_é$, le temps de l'électron = $1{,}288 .10^{-21}$).

Avec la constante de Rydberg $R_\infty = 1{,}097373.10^7 \ L^{-1}$)

$$\hbar = (M_B . V_B) / (4\pi.R_\infty),\ .$$

$$\hbar = (M_é . V_B . \alpha_{em}) / (4\pi.R_\infty)$$

*Avec le Moment Magnétique de **Bohr** (μ_B), nous avons :*

$$\hbar = (2.M_é.\mu_B)/Q_é$$

*Avec p, l'impulsion, Q_p la charge de **Planck**, R_p la résistance de **Planck**, G, ε_o ...*

$\hbar = (K_c \cdot Q_p^2)/c = (G.p^2)/c^3 = 3,161.10^{-26}$

$\hbar = (Q_p^2.c.\mu_o)/4\pi = 2h.K_c.\varepsilon_o = (Q_p^2.K_c)/c = R_p.Q_p^2$

$= 2h/4\pi = (Q_é^2\, c\, \mu_o) / (4\pi\, \alpha_{ém})$

La constante de couplage électromagnétique, ou constante de structure fine, $\alpha_{ém}$, *peux aussi s'écrire :*

$\alpha_{em} = (\mu_0\, c\, Q_é^2) / 2h = (\hbar\, \pi^2)/(4\pi\varepsilon_o\, c\, Wb^2) = (\hbar\, \pi^2\, k_c)/(c\, Wb^2)$

$= (\hbar\, \pi^2\, R_p) / (Wb^2) = (\hbar\, \pi) / (\varepsilon_o\, c\, 4Wb^2) = (G\, p^2\, \pi^2) / (4\pi\, \varepsilon_o\, c^4\, Wb^2)$

Perméabilité magnétique du vide, $\mu_o = 4\pi\, 10^{-7}$:

$\mu_o = 1/(c^2\, \varepsilon_o) = (\hbar\, 4\pi\, \alpha_{ém}) / (Q_é^2\, c) = (G\, p^2\, 4\pi\, \alpha_{ém}) / (Q_é^2\, c^4)$

$$\boxed{\mu_o = (2h\, \alpha_{ém}^2) / (Q_é^2\, V_B) = (4\pi\, M_é\, R_c) / Q_é^2 = (2\alpha_{ém}\, 8\alpha_{magn}\, M_é\, R_c) / Q_é^2}$$

Permittivité du vide (ε_o), et constante de Coulomb (K_c):

$\varepsilon_o = 1/(\mu_o\, c^2) = 8,8541878.10^{-12} = Q_é^2 / (4\pi\, c^2\, R_c\, M_é)$

$\varepsilon_o = (\alpha_{magn}\, Q_é^2)/(\hbar\, c\, \pi^2) = (\hbar\, \alpha_{magn})/(c\, Wb^2) = (\hbar^2\, \alpha_{magn})/(c^2\, Wb^2\, M_é\, r_i)$

$= (\alpha_{magn}\, Q_é^2)/(M_é\, r_i\, c^2\, \pi^2) = (h^2\, \alpha_{magn}) / (4\pi^2\, Wb^2\, c^2\, M_é\, r_i)$

$$\boxed{K_c = (M_é\, R_B\, V_B^2) / Q_é^2 = (\hbar\, V_B) / Q_é^2}$$

$$\boxed{\begin{array}{l} \varepsilon_o = (\alpha_{magn}\, \alpha_{ém}\, Q_é^2) / (M_é\, R_B\, V_B^2\, \pi^2) = (Q_é^2) / (M_é\, R_B\, V_B^2\, 4\pi) \\[2mm] = (M_é\, r_i\, \alpha_{magn}) / Wb^2 = (M_é\, r_i\, Q_é^2\, 4\alpha_{magn}) / (h^2) = (G\, p^2\, \alpha_{magn}) / (Wb^2\, c^4) \end{array}}$$

Constante G, de Newton, ($M^{-1}.L^3.T^{-2}$):

$G = 6,674.10^{-11}\ (M^{-1}L^3.T^2) = c^4 / F_p = c^5 / P$ *(la puissance de Planck)*

$= c^5 / (U.I)$ *avec U la tension, I l'intensité.*

$= (c^5.Q_é^2) / (\alpha_{ém}.\hbar.I^2) = (c^5.R_p) / U^2)$

$G = (c^2.P) / (P_r.\hbar)$, *(avec P_r la pression de Planck).*

$$G = M_é^{-1}.r_i.\, c^2.\, \alpha_G \; = \; (r_i^2.\, c^3.\, \alpha_G) / \hbar \; = \; (c^4\, Q_é^2) / (I^2\, R_c\, M_é)$$

$$G = (c^4\, h^2) / (4\, Wb^2\, R_c\, M_é\, I^2) \; = \; (\hbar^2\, c^4\, 4\pi\, \alpha_{magn}) / (Wb^2\, r_i\, M_é\, I^2)$$

$$G = (\hbar.c) / M_p^2 \; = \; (Q_p^2.K_c) / M_p^2 = 6{,}674.10^{-11}$$

$$G = (Q_p^2.\mu_o.c^2) / (4\pi.M_p^2) \; = \; (Q_p^2.c^2.K_c.\mu_o.\varepsilon_o) / M_p^2 = 6{,}674.10^{-11}$$

$$G = (M_é.\, R_B^2.c^2.R_\infty.4\pi) / (M_p^2) \; = \; (\mu_o\, c^4\, Q_é^2) / (4\pi\, \alpha_{ém}\, p^2)$$

$$G = (\alpha_{magn}\, Q_é^2) / (\pi^2\, M_p^2\, \varepsilon_o) \; = \; c^6/(K_c\, I^2) \; = \; (4\pi\, \varepsilon_o\, c^6) / (I^2)$$

Avec α_G la constante de couplage gravitationnelle calculée avec la masse de l'électron.

$$\alpha_G = (G.M_é^2) / (\hbar\, c) = 1{,}7518.10^{-45}$$

$$G = (Q_p^2.\, K_c.\, \alpha_G) / M_é^2 \; = \; (\hbar.c.\, \alpha_G) / M_é^2 = 6{,}674.10^{-11}$$

Comme $\hbar = (M_B.\, V_B) / (4\pi.R_\infty) = M_é\, R_B\, V_B$

$$G = (M_é.R_B^2.V_B^2.R_\infty.4\pi) / (M_p^2\, \alpha_{em}^2) \; = \; (M_é\, R_B^2\, c^5\, R_\infty\, 4\pi) / (F_p\, \hbar)$$

$$= (R_B\, c^4\, R_\infty\, 4\pi) / (F_p\, \alpha_{ém}) \; = \; (R_B\, c^4\, R_\infty\, 16\, \alpha_{magn}) / (F_p)$$

$$\boxed{\begin{aligned}
&G = (\alpha_G\, R_B^2\, V_B^2\, R_\infty\; 16\, \alpha_{magn}) / (M_B) = 6{,}674.10^{-11} \\[2mm]
&G = (\alpha_G\, V_B^2) / (M_é\, R_\infty\, 4\pi) = 6{,}67426.10^{-11} \\[1mm]
&G = (\alpha_G\, V_B^2\, R_B) / M_B
\end{aligned}}$$

*Au final, nous pouvons relier entre elles toutes les constantes, (G, $\hbar$, R_∞, K_c, μ_o, ε_o, F_p la force de Planck…), dès lors que l'analyse dimensionnelle est respectée, et avec introduction de constantes de couplage sans dimension lorsque nous sortons du cadre de l'échelle de **Planck** si cela s'impose. Si une seule de ces constantes devait être modifiée, toutes les autres le seraient également. <u>Nous pouvons donc introduire le rayon et la masse de l'électron à la place des unités de **Planck** sous réserve d'introduire dans nos formules les nombres adéquats.</u>*

Nous pouvons également calculer G avec les valeurs du champ électrique E, ou du champ magnétique B, (ici calculées avec les unités de Planck).

$$\boxed{\begin{aligned}
&G = c^4 / (E.Q_é) = (c^2\, F_p) / (P_r\, M_é\, r_i) \\[1mm]
&G = (c^3\pi) / (B.Q_é) = (c^3\pi) / (P_r\, \mu_o\, \alpha_{magn}\, Q_é^2)^{0,5}
\end{aligned}}$$

(avec P_r la pression de Planck, F_p la force de Planck).

$$G = (c^4\, Q_\acute{e}^2) \,/\, (M_\acute{e}\, R_c\, I^2) = 6{,}674303.10^{-11}$$

$$G = (c^4\, B) \,/\, (P_r\, Wb) = 6{,}67430058.10^{-11}\; M^{-1}\, L^3\, T^{-2}$$
$$G = \{(c^7\, \mu_o\, \alpha_{magn}) \,/\, (B^2\, \hbar)\}^{\,0{,}5} = 6{,}674301.10^{-11}$$

Célérité :

$$c^2 = (K_c\, Q_\acute{e}^2) \,/\, (R_c\, M_\acute{e}) \;\Rightarrow\; c = [(K_c\, Q_\acute{e}^2) \,/\, (R_c\, M_\acute{e})]^{\,0{,}5}$$
$$c = [(R_B\, V_B^2)/R_\acute{e}]^{0{,}5}$$

Constante de Rydberg :

*La dimension de la Constante de **Rydberg**, L^{-1} est homogène à **M**.*
Sa formule implique soit la masse de l'électron ($M_\acute{e}$ ou M_B), soit son rayon.

$$R_\infty = (M_\acute{e}.c.\alpha_{\acute{e}m}^2) \,/\, 2h = (M_B.\alpha_{\acute{e}m}^2) \,/\, (Q_\acute{e}^2.\,\mu_o) = (M_\acute{e}.\mu_0^2.c^3.Q_\acute{e}^4) \,/\, (8h^3)$$

$$R_\infty = \alpha_{\acute{e}m} \,/\, (R_B\, 4\pi)$$

Nous pouvons isoler la masse de l'électron, $M_\acute{e}$:

$$M_\acute{e} = (R_\infty.Q_p^2.\mu_o) \,/\, \alpha_{\acute{e}m}^2 = (R_\infty.Q_\acute{e}^2.\mu_o) \,/\, \alpha_{\acute{e}m}^3$$
$$M_\acute{e} = (R_\infty.2h) \,/\, (c.\alpha_{\acute{e}m}^2) = \hbar \,/\, (r_i.c) = (\hbar.Q_\acute{e}) \,/\, (2\mu_B)$$

Système d'unités ampérien.

Il nous reste à présenter un $3^{\grave{e}me}$ système d'unités, homogène aux deux précédents, (nous obtiendrons donc les mêmes valeurs avec ce système qu'avec les deux autres, <u>pour tous produit dimensionnel dont la somme des exposants des dimensions du produit en question sera égal à zéro,</u>).
Ce système va venir s'intercaler entre ces deux valeurs extrêmes que sont celle des Quanticiens et celles des Cosmologistes. Le tableau suivant reprends quelques constantes, dont la valeur diffère dans ces trois systèmes d'unités.

Dimensions et Constantes. Formules.	Valeurs des unités Ampériennes $(M_{amp}, L_{amp}, T_{amp})$	Rapports avec les Unités de Planck	Rapports avec Les Unités Cosmologiques
Masse M_{amp} $F/(cI)$ $(K_c/G)^{0,5}$ $[(\hbar_{amp}.c)/G]^{0,5}$	$1,1604670.10^{10}$ *Remarque :* *$M_{amp}.c^2 = $ la* *Tension de Planck.*	$5,3317806103.10^{17}$ *Ou son inverse :* $1,875546038.10^{-18}$ $=Q_p$	$1,48905569.10^{43}$ $= Q_u$ *Ou son inverse :* $6,71566550.10^{-44}$
Longueur L_{amp} c/I $[(G.K_c)/c^4]^{0,5}$ $[(\hbar_{amp}.G)/c^3]^{0,5}$	$8,6172202.10^{-18}$	*idem*	*idem*
Temps $T_{amp} = I^{-1}$ $[(G.K_c)/c^6]^{0,5}$ $[(\hbar_{amp}.G)/c^5]^{0,5}$	$2,8743952.10^{-26}$	*Idem*	*idem*
Q_{amp} $(I.T_{amp})$ $[(c.\hbar)/K_c]^{0,5}$ $[(2.h_{amp})/(c.\mu_o)]^{0,5}$ *($2h_{amp} = Z_o$, la résistance électrique du vide)* $=> (\hbar_{amp}/R)^{0,5}$ *(avec R la Résistance en ohms)*	1 *La charge de Planck étant ramenée à l'unité la charge de l'électron $Q_é = \sqrt{\alpha}$*	*idem*	*idem*
I (en ampère) $[c^6/(G.K_c)]^{0,5}$ $[(c^5.Q^2)/(\hbar.G)]^{0,5}$ $[(F.c)/R]^{0,5}$ $[(F.4\pi)/\mu_o]^{0,5}$ $[c^5/(G.R)]^{0,5}$ $[c^4/(G.K_c.\varepsilon_o.\mu_o)]^{0,5}$	$3,4789926.10^{25}$	1	1
P_r (Pression) $c^7/(\hbar_{amp}.G^2)$ $c^8/(Q_{amp}^2.K_c.G^2)$	$1,6299.10^{78}$	$2,8437.10^{35}$ *Ou son inverse :* $3,516.10^{-36} = Q_p^2$	$2,2157.10^{86}$ $= Q_u^2$ *Ou :$4,513.10^{-87}$*

E (Énergie) $[(\hbar_{amp}.c^5)/G]^{0,5}$ $[(Q_{amp}^2.K_c.c^4)/G]^{0,5}$ $p_{amp}.c$	**$1,043.10^{27}$**	$5,3317806103.10^{17}$ *Ou son inverse :* $1,8755460381.10^{-18}$ $=Q_p$	$1,48905569.10^{43}$ $= Q_u$ *Ou* $6,71566550.10^{-44}$
g (accélération) $[c^7/(\hbar_{amp}.G)]^{0,5}$ $[c^8/(Q_{amp}^2.K_c.G)]^{0,5}$ $c^5/(G.p_{amp})$	**$1,043.10^{34}$**	$5,33178061039.10^{17}$ *Ou son inverse :* $1,875546038.10^{-18}$ $=Q_p$	$1,48905569.10^{43}$ $= Q_u$ *Ou* $6,71566550.10^{-44}$
p (impulsion) $[(\hbar_{amp}.c^3)/G]^{0,5}$ $[(Q_{amp}^2.K_c.c^2)/G]^{0,5}$ E_{amp}/c	**$3,479.10^{18}$**	$5,33178061039.10^{17}$ *Ou son inverse :* $1,875546038.10^{-18}$ $=Q_p$	$1,48905569.10^{43}$ $= Q_u$ *Ou* $6,715665.10^{-44}$
$\hbar$ (moment cinétique orbital) $(E_{amp}^2.G)/c^5$ $(Q_{amp}^2.K_c)/c$ $(p_{amp}^2.G)/c^3$	**$29,9792458$** $= c\,.\,10^{-7}$	$2,8437.10^{35}$ *Ou son inverse :* $3,517.10^{-36} = Q_p^2$ $\hbar_p/29,9792458$ $= Q_p^2$	$2,2157.10^{86}$ $= Q_u^2$ *Ou :* $4,513.10^{-87}$

Nous l'avons dit, dans ce système d'unité, **Q_p, la charge de Planck = 1, l'unité.** *Nous constatons que :*

$ML = 10^{-7} = \mu_o.\varepsilon_o.K_c$ *(avec K_c la constante de* **Coulomb***), $= \mu_o / 4\pi$.*

$K_c = c^2.10^{-7}$

M étant homogène à L^{-1}, nous pouvons écrire :

$\mu_o = L^{-1}.\,L^1.\,Q^{-2} = L^0 = nombre$, *(puisque $Q_{amp}^{-2} = 1$, soit un nombre sans dimensions).*

Le rapport de la masse de Planck sur la Masse ampérienne, **$M_p/M_{amp} = Q_p$** *, la charge de* **Planck.** *Tout comme $M_u/Q_u = M_{amp}$*

Il en est de même du rapport de la longueur de Planck avec la longueur ampérienne : **$L_p / L_{amp} = Q_p$**

Ainsi : **$(M_p/M_{amp}).(L_p/L_{amp}) = Q^2$**

La constante magnétique, μ_o, devient $Q^2 . Q^{-2}$, (donc un nombre).

Même chose avec le temps : $T_p / T_{amp} = Q_p$

*Il s'en suit que la constante $\hbar_{amp}$, à la même valeur que la résistance **R**, l'énergie (E) à même valeur que la tension (U) ; or l'éther, ou « vide quantique », est toujours sous tension (3), ce qui pour **Lucien Romani** le rend solide et lui permet de transmettre toutes les ondes.*

Les ondes transversales, du champ électro-magnétiques, de la houle, *(le mouvement ondulatoire est en travers de la direction de la propagation de l'onde).*

les ondes longitudinales, du champ gravitationnelles, du son, *(le mouvement ondulatoire est dans le sens de la propagation de l'onde).*

Et les ondes de torsions, ou de rotation, du troisième champ, dit gyroscopique.

Complétons le tableau 6a, du système des unités ampériennes, dans lequel la charge de Planck, Q_p, est ramenée à l'unité, et où $ML = 10^{-7}$.

_$Q_{amp} = 1 = [(4\,Q_é\,Wb) / (c\,\mu_o\,)]^{0,5}$_ *(calculé avec les unités ampériennes).*

La charge de l'électron devient alors égale à $\sqrt{\alpha} = **0,085\,424**$...
Valeur susceptible d'augmenter jusqu'à atteindre, à la vitesse de la lumière, celle de la charge de Planck ici égale à l'unité.

Question :

Ne devrions nous pas réécrire la vitesse de Bohr, ($V_B = c\alpha$), sous la forme :

_$V_B = c\sqrt{\alpha} = (c^2\,\alpha\,)^{0,5}$?_

Tableau 6b

CONSTANTES	Système d'unités Ampérien	Système d'unités de Planck
G de Newton ($M^{-1}L^3T^{-2}$) $= c^4/F = c^5 / P$	$6{,}673 . 10^{-11}\,\mathrm{kg^{-1}\,m^3\,s^{-2}}$	Idem **(la somme des exposants = zéro)**
c, ($L\,T^{-1}$) $= (Q^2\,K_c) / \hbar$ $= (FG)^{1/4}$	$299\,792\,458$ m/s	Idem
K_c ($M\,L^3\,T^{-2}\,Q^{-2}$) $= (c\hbar /Q^2)$ Constante de Coulomb	$8\,987\,551\,787\,\mathrm{kg\,m^3\,s^{-2}\,Q^{-2}}$	idem
μ_o (MLQ^{-2}) . 4π (nombre) Constante magnétique $= (2h / cQ^2)$	$4\pi . 10^{-7}$	idem
α (Nombre) $= (K_c\,Q_é^2)/(\hbar c)$ Constante de structure fine	$0{,}007\,297\,352\,569...$	idem

ε_o ($M^{-1} L^{-3} T^2 Q^2$) Constante diélectrique, pouvoir inducteur du vide.	8,854 187 .10^{-12} kg^{-1} m^{-3} s^2 Q^2	idem
Wb (flux d'induction magnétique, en weber) = h / 2 $Q_é$ ($ML^2T^{-1} Q_é^{-1}$)	= h / Q$\sqrt{\pi}$ = 106,2736 à l'échelle de la particule de Planck = 1102,523 = (2,067833.10^{-15}) / Q_p = 106,2736 x $\sqrt{\alpha_{magn}}$	= h / $Q_p\sqrt{\pi}$ = 1,9932.10^{-16} à l'échelle de la particule de Planck = 2,067833 . 10^{-15}
B (Champ magnétique, en tesla) ($\pi MT^{-1} Q_é^{-1}$) un tesla* = Wb/L^2)	= 1,48476 . 10^{37} = (7,916.10^{54}) x Q_p	= 7,916 . 10^{54}
E (Champ électrique) (= $MLT^{-2} Q_é^{-1}$)	= 1,4164637 . 10^{45} = (7,552226.10^{62}) x Q_p	= 7,552226 . 10^{62}
M_m (moment magnétique) ($L^2 T^{-1} Q_é$) = L^2 I	= 2,5833.10^{-9} = ($\hbar$ Q_{amp})/M_{amp} = 9,087.10^{-45} / Q_p^2	= 9,087.10^{-45} = ($\hbar$ Q_p) / M_p
Q_p (I.T) = C U = ($\hbar$ / R)^{0,5} = (c$\hbar$ /K_c)^{0,5} = [(4 $Q_é$ Wb) / (cμ_o)]^{0,5} $Q_é$ = (Q_p^2 c μ) / (4 Wb)	= 1 $Q_é$ = 0,085424… = $\sqrt{\alpha}$ $Q_é^2$ = α	= 1,87554604 . 10^{-18} = 1,602 . 10^{-19} = Q_p / $\sqrt{\alpha^{-1}}$
C (la capacité) = Q^2 / E $M^{-1}L^{-2} T^2 Q_p^2$	= 9,588 . 10^{-28} = 1,798.10^{-45} / Q_p	= 1,798 . 10^{-45}
U (la tension) = [(c^4 K_c) /G]^{0,5} $ML^2 T^{-2} Q_p^{-1}$	= 1,043 . 10^{27}	idem
R (la résistance) = K_c /c $M L^2 T^{-1} Q_p^{-2}$	= 29,9792458	idem
P (la puissance) = c^5 / G $ML^2 T^{-3}$	= 3,628 . 10^{52}	idem
ML = $\mu_o Q^2$ / 4π	= 10^{-7}	= 3,517 . 10^{-43}
F (la force, MLT^{-2}) = c^4 / G = (c^6 μ_o ε_o) / G	= 1,21… .10^{44} (F/ML)^{0,5} = T^{-1} ≡ I = 3,479.10^{25}	Idem (F/ML)^{0,5} = T^{-1} la fréquence de Planck.
M_t (Moment torsionnel) = B.M_m = ML^2T^{-2}	= 3,83569.10^{28} (= 7,19327.10^{10} / Q_p)	= 7,19327.10^{10}

Le Tesla, unité d'induction magnétique, produit sur une surface (L^2) un flux d'induction magnétique en Weber.

Dans ce tableau, *E/B = LT^{-1} = c/π, une vitesse inférieure, donc, à celle de la lumière.*

L'électron, nuage électronique, ou anneau-tourbillon d'éther, torique pour **Lucien Romani,** *est relié à l'éther par son atmosphère dont la nature est mixte,* *plus ou moins sphérique ; si le tourbillon accélère, l'atmosphère se contracte et cède de son fluide au champ extérieur, si il ralentit, elle s'enrichit au contraire de fluide gagné sur le champ, elle participe donc un peu des deux et nous pouvons la qualifier de « mixte » (3).*

*C'est **Louis De Broglie** qui a interprété les trajectoires des électrons dans les atomes sous forme d'un phénomène d'ondes stationnaires, ces ondes, pour **Lucien Romani,** sont des ondes stationnaires de l'éther.*

Comme il l'écrit lui-même :

« Ce sont des ondes qui ne se propagent pas. Si vous envoyer une onde dans un sens et que vous la fassiez réfléchir, cela produit une autre onde qui arrive en sens inverse, à ce moment là, cela fait des nœuds et des ventres, mais rien ne se propage plus. Ainsi les deux ondes allant en sens contraires, la vitesse devient nulle. » (8). *(Pour une onde progressive, concave, le volume est en relief ; pour une onde stationnaire, convexe, le volume est en creux).*

*Nous pourrions en déduire, que l'électron est partout « présent » autour de son noyau atomique, sans position car Non-local, la Non-localité impliquant l'intrication (actions à distance). Cette intrication pourrait « expliquer » l'émergence des différentes propriétés des éléments du tableau de **Mendeleïev**. Lorsque nous passons de l'or, numéro atomique 79, au mercure, n° atomique 80, que de différence ! D'où viennent-elles ?*

*Au final, seul l'observation donnerait à l'électron sa « position ». Nous savons que cette position est définie par quatre nombres quantiques, à la base du Principe d'exclusion de **Pauli**, qui permet la différenciation des éléments atomiques, qui finissent par s'organiser ainsi en molécules de plus en plus complexes, jusqu'à devenir vivante. Parmi tout ces éléments, certains sont essentiels à la vie, (l'hydrogène, la carbone, l'oxygène, l'azote...), alors que d'autres semblent mortels, tels que l'arsenic, le plomb... mais là encore tout est une question de dosage, car nous retrouvons tous les éléments du tableau de **Mendeleïev** dans le corps humain ! Mais à des doses infinitésimales, voir impondérables, en ce qui concerne les éléments « toxiques» ! Nous voyons là tout l'intérêt de l'homéopathie, (arsenicum album, plumbum métallicum...) et de ses dilutions. **Erwin Schrödinger** l'avait bien compris lorsqu'il écrivit son livre « Qu'est-ce que la vie ? ».*

Les différentes valeurs accordées aux dimensions de l'électron sont reprises dans le tableau suivant :

Électron :	
1) *Rayon de Bohr $R_B = 5{,}29177.10^{-11}$* $= \hbar / (M_é\, V_B) = \hbar^2 / (M_é\, K_c\, Q_é^2)$ $= (K_c\, Q_é^2) / (M_é\, V_B^2)$	λ_{DB} *(longueur d'onde de De Broglie)* $= R_B\, 2\pi = 3{,}3249.10^{-10}$
2) *Rayon interne $r_i = 3{,}86159.10^{-13}$* $= R_B\, \alpha_{ém}$	λ_c *(Longueur d'onde de Compton)* $= r_i\, 2\pi = 2{,}4263.10^{-12}$
3) *Rayon classique $R_c = 2{,}8179.10^{-15}$* $= r_i\, \alpha_{ém}$	$\lambda = R_c\, 2\pi = 1{,}77.10^{-14}$
Masses M **1)** *Masse de Bohr $M_B = 6{,}6474.10^{-33}$* **2)** *Masse au repos $M_é = 9{,}109.10^{-31}$* **3)** *Masse supposée $= 1{,}248.10^{-28}$*	 $M_B = M_é\, \alpha_{ém} = (2h\, R_\infty) / (V_B)$ $M_é = (2h\, R_\infty) / (c\, \alpha_{ém}^2) = (\hbar\, Q_é) / (2\, \mu_B)$ $= (M_é / \alpha_{ém})$
Temps $T = \lambda /V$ **1)** *Temps de Bohr $= 2{,}4188.10^{-17}$* **2)** *Temps interne $= 1{,}28808.10^{-21}$* **3)** *Temps supposé $= 6{,}859.10^{-26}$*	 $T_B = (V_B / R_B)^{-1}$ $T_i = (c / r_i)^{-1}$ $T = [(c\, \alpha_{ém}^{-1})/R_c]^{-1}$
Vitesses V $(L.T^{-1})$ **1)** *Vitesse de Bohr $V_B = 2187691$ m.s^{-1}* **2)** *$V = 299792458$ m.s^{-1}* **3)** *Vitesse supposée $= 41\,082\,359\,000$ m.s^{-1}*	 $= c\, \alpha_{ém}$ $= c$ $= c\, \alpha_{ém}^{-1}$
Moment Magnétique M_m *(magnéton de Bohr)* $(L^2\, T^{-1}\, Q) = (L^2\, I)$	$\mu_B = (\hbar\, Q_é) / (2M_é)$ $= 9{,}274.10^{-24}$ $(r_i^2\, T_i^{-1}\, Q_é) /2$
Spin S $(S = n\hbar)$ $(M.L^2\, T^{-1}) = (M_é\, r_i^2\, T_i^{-1})/2$	$\hbar/2 = (\mu_B.M_é) / Q_é = (M_é\, R_c\, V_B\, 2u_{mag}) / (u_{ém}\, \pi)$ $= 5{,}2728.10^{-35}$
Champ magnétique B de l'électron $(\pi\, M_é\, T_i^{-1}\, Q_é^{-1})$ en Tesla.	$= 1{,}38671.10^{10}$ $B.r_i^2 = Weber\ (2{,}067.10^{-15})$
Moment Torsionnel M_t de l'électron $(= B.M_m)$	$= 1{,}286036.10^{-13}$
Champ électrique E $(M_é\, r_i\, T_i^{-2}\, Q_é^{-1})$ $E = B.V$	$= 1{,}3233.10^{18}$ $E/B = V = c/\pi$
p (impulsion) $MLT^{-1} = M_é\, V_B = \hbar / R_B$	$= 1{,}9928.10^{-24}$
E_H (énergie de Hartree) $M\, L^2\, T^{-2}$ $= M_é\, V_B^2 = \hbar^2 / (M_é\, R_B^2) = 2\, R_\infty\, hc$ $= (K_c\, Q_é^2) / R_B = (M_é\, K_c^2\, Q_é^4) / \hbar^2$	$= 4{,}3597.10^{-18}$

P (pression) $ML^{-1}T^{-2} = (M_\acute{e} V_B^2)/R_B^3$ $= F_B/R_B^2$	$= 2{,}9421.10^{13}$
I (l'intensité) $= Q/T$	$I = Q_\acute{e}/T_B = 6{,}623.10^{-3} = (E_H Q_\acute{e})/\hbar$ $F_B = 8{,}2387.10^{-8} = (K_c I^2)/V_B^2$

Constatons au passage, avec les données de ce tableau, que :

(M_B/M_p) multiplié par $(R_B/L_p) = 1$, l'unité. Tout comme :

$(M_\acute{e}/M_p) . (r_i/L_p) = 1$ ainsi que :

$(M_\acute{e}\, \alpha^{-1}/M_p) . (R_c/L_p) = 1$

Le rayon du proton étant de l'ordre de $8{,}4.10^{-16}$, constatons également que si nous ramenons sa valeur à 1 centimètre, la largeur du nuage électronique s'étend sur 1000 mètres. *(L'électron n'est pas une petite bille qui tourne autour d'un noyau, mais une structure quantique ayant une masse et une charge électrique et dont la « position » dépend de quatre nombres quantiques).*
La principale formule réunissant la masse et le rayon du proton est :

$$M_{p+}\, R_{p+} = (4\hbar)/c$$

Il en découle :

$$R_{p+} = (4\hbar)/(c\, M_{p+}) = (4\, Q_\acute{e}^2)/(4\pi\, \varepsilon_0\, c^2\, \alpha_{\acute{e}m}\, M_{p+}) = (4 M_\acute{e}\, r_i)/M_{p+}$$

*Les <u>formules de **Niels Bohr** pour calculer les forces centripète ($F\downarrow$) et centrifuge ($F\uparrow$) au sein de l'atome d'hydrogène,</u> et dont les valeurs doivent être égales pour la « stabilité » de l'atome.*

$$F\downarrow = (K_c.Q_\acute{e}^2)/R_B^2 = 8{,}2387.10^{-8}\ (MLT^{-2})\ et$$

$$F\uparrow = (M_\acute{e}.V_B^2)/R_B = 8{,}2387.10^{-8}\ (MLT^{-2})\ nous\ dit\ \textbf{N. Bohr.}$$

On peut aussi écrire :

$$F_B\ (force\ de\ Bohr) = (\mu_B\, M_\acute{e}\, 2\, V_B)/(R_B^2\, Q_\acute{e}) = 8{,}2387.10^{-8}$$

*La différence avec la force de **Planck**, $F_p = 1{,}21.10^{44}$ (qui à même valeur dans tous systèmes d'Unités homogènes), est égale à : $1{,}468.10^{51}$.*
Elle correspond à la constante de couplage calculée avec l'intensité I.
$$\alpha_I = [(M_B.R_B^3.Q_\acute{e}^{-2}) . I^2]/(\hbar c) = 1{,}468.10^{51}\ (voir\ page\ 31).$$

(Dans cette formule, l'intensité I étant invariante, c'est la « constante » ML^3Q^{-2}
qui devient variable selon l'échelle, ici à l'échelle de l'électron).
Nous avons calculé, précédemment, la constante de couplage magnétique α_{mag}.

$$\boldsymbol{\alpha_{mag}} = (1/\mu_0) . [Wb^2/(\hbar.c)] = 107{,}627822...$$

*Calculons la **force magnétique** (**F**$_{magn}$) de l'électron et comparons la aux forces de Bohr.*

> $F_{magn} = (\mu_o^{-1} . Wb^2) / R_B^2 = 1,2151199 . 10^{-3} MLT^{-2}$
>
> $F_{magn} = (M_é V_B^2 \alpha_{magn}) / r_i$
>
> $Et : F_{magn} . (\alpha_{ém} /\alpha_{magn}) = 8,2387.10^{-8} (MLT^{-2}) = F\downarrow = F\uparrow$ *(les forces de Bohr)*
>
> $(\alpha_{ém} /\alpha_{magn} = 6,780173 . 10^{-5})$

Spin de l'électron, $\hbar$/2.

La notion de spin permet de classer mathématiquement la façon dont se transforment un « objet » sous l'effet des rotations de l'espace à 3 (ou n) dimensions. C'est un concept dont il est difficile d'appréhender toutes les nuances si l'on considère qu'il s'agit d'une chorégraphie (au sens étymologique du terme) mettant en jeu, peut-être, certaines fonctions non-locales.

En effet, si l'électron a une probabilité de présence autour du noyau, il a également une probabilité d'absence. Si vous essayez de détecter un électron et que vous ne le détectiez pas (c'est ce qu'on appelle une mesure négative), cela modifie malgré tout son état quantique. Cela a pu être démontré grâce aux inégalités de Leggett-Garg qui sont similaires à celles de Bell vers la fin des années 1980.

L'anecdote concernant l'électron est survenue avec la découverte de son Spin, de valeurs $\hbar$/2. (A ce jour, les quaternions et les octonions ont démontrés leur importance en algèbre et en géométrie, notamment parmi les groupes de Lie, ils trouvent leur usage en Mécanique Quantique dans l'étude du spin. Les quaternions entraînent la perte de la commutativité et les octonions la perte de l'associativité. Les nombres complexes étant en fait des matrices d'ordre 2 les quaternions sont des matrices d'ordre 4...).

***Théoriquement, $\hbar$/2 = M$_é$. R$_c$. V** (de dimensions $M.L^2T^{-1}$), = 5,27286.10^{-35}*

et V, la vitesse, en principe, ne saurait dépasser la vitesse de la lumière, c. $M_é$ et R_c sont la masse et le rayon classique de l'électron.

Question, que devient la valeur de la vitesse ?

C'est Lorentz qui fera remarquer qu'à ce point de surface du rayon (R_c = 2,8179.10^{-15}) du nuage électronique, la vitesse V serait supérieure à celle de la lumière.

Plus précisément :

*$V = (\hbar/2) / (M_é R_c) = $ **20 541 179 500** m.s^{-1}*

Autrement dit : V = c.(α_{em}^{-1}/2) = 68,518 fois la vitesse de la lumière.

C'est d'autant plus curieux que : $\hbar/2 = (Q_é \, Wb) / 2\pi$

Le problème est de savoir si nous pouvons, ou non, associer $M_é$ avec R_c, au lieu de r_i. En ce point de surface du rayon (R_c), étant donnée la relation $M \equiv L^{-1}$, ne devrions nous pas remplacer $M_é$ par M_B ? Ou $M_é$ par $M_é \, \alpha^{-1}$?

Si nous opérons ces modifications, nous obtenons :

$V = (\hbar/2) / (M_B \, R_c) = 2\,814\,881\,055\,138$ m.s^{-1}, soit 9389 fois la vitesse de la lumière.

Ou:

$V = (\hbar/2) / (M\alpha^{-1} \, R_c) = 149\,896\,228$ m.s^{-1}, soit $c/2$.

Théoriquement, la masse varie en proportion du rayon ($M^{-1} \equiv \alpha_{ém} \, L$).
D'autre part, dans le tableau 7, nous avons $E/B = V = c/\pi$.

Si $\hbar/2 = M \, R_c \, (c/\pi)$, que devient la valeur de la masse ?

$M = M_é \, (2\,\alpha_{magn}) = M_é \cdot 215{,}255644 = 1{,}9608.10^{-28}$

Rappelons nous que :

$r_i \, M_B \, Q_é^{-2} = R_c \, M_é \, Q_é^{-2} = 10^{-7} = \mu_o /4\pi$

Si $\hbar/2 = r_i \, M_B \, V = R_c \, M_é V$

$V = c$ que multiplie 68,518. Autrement dit :

$V = c \, (\alpha_{ém}^{-1}/2) = 20\,541\,179\,500$ m.s^{-1}

Si oui, cela contredirait la Relativité Restreinte. Question, doit-on admettre que c, la vitesse de la lumière, soit un référentiel absolue dans le cadre de la relativité ? Ou : la relativité n'est-elle pas la quantification spatio-temporelle d'un continuum universel éternel et infini ?

Albert Einstein *proposera une réponse mais son objection sera écartée ;* **Niels Bohr,** *quant à lui, pensait que le spin engendrait un champ magnétique et qu'il fallait en tenir compte.* **W. Pauli** *calmera tout le monde en précisant que le Spin ne peut pas être expliqué par un simple mouvement électronique (16). Au final, outre le Spin et son Moment magnétique, il est plus que probable qu'il nous faille tenir compte d'un moment torsionnel, (voir d'influences, ou de résonances non-Locales?).*

En 1939, **Einstein** *publiera un article dans une revue américaine à propos d'un trou noir statique, qui avait le défaut de conduire à un dépassement de la vitesse de la lumière pour les particules situées à l'extérieur.* **Einstein** *se contentera de déclarer que :*

« de tels objets ne peuvent exister dans la réalité physique (17) ».

Mais que savons nous réellement de la « réalité physique » ? Pouvons nous seulement en avoir une vision quantique ? Je veux dire une vision en ondes longitudinales de l'éther (et non pas transversales) ? Pour Lucien Romani, nous devrions avoir conservé certains neurones spécialisés dans la perception des ondes longitudinales. Mais n'est pas « visionnaire », ou télépathe, qui veut !

Gardons nous bien de tels « arguments d'autorité » qui sont bien insuffisants à combler notre incompréhension du monde quantique et non-local.

*En 1916, **Karl Schwarzschild** (1873-1916), publie un second article où il décrit la géométrie à l'intérieur d'une sphère emplie d'un fluide incompressible et de masse volumique constante. Il y indique la façon dont varient la pression et la vitesse de la lumière. **Dans certains cas de figure la vitesse et la pression deviennent infinies, (singularités). Question, comment les lois de la nature traitent-elles ces singularités ?** Une solution se fait jour au travers de la Géométrie Complexe et du théorème de **Jean-Marie Souriau** (18).*

Solution reprise par Jean-Pierre Petit dans son modèle Janus.

Au delà d'une certaine valeur, apparaît une criticité physique et le théorème de J.M Souriau, impliquant la symétrie T, s'applique.

Lorsque la coordonnée de temps T est inversée en -T, la masse, l'énergie et l'impulsion le sont également. Masse, impulsion et énergie deviennent donc négatives et nous retrouvons les deux cas de figure d'énergies cinétiques négatives évoquées par les équations de Dirac.

*A l'époque, les observations de l'astronome américain **Vesto Slipher et d'Edwin Hubble** étaient déjà connues, l'univers n'était pas statique comme le voulait **Einstein**, et celui-ci décédera, hélas, sans connaître les résultats de l'expérience d'**Alain Aspect** de 1982 pour lever le voile sur le paradoxe EPR. **Richard Tolman**, en 1930, proposera une théorie de « la lumière fatiguée », pour réconcilier univers statique et décalage vers le rouge lors de la découverte de l'expansion de l'Univers en 1929. **Jean-Marc Bonnet-Bidaud** déclarera :*

« Nous observons un décalage vers le rouge de la lumière d'objets lointains et nous en déduisons que l'univers se dilate, mais cette interprétation n'est qu'une des hypothèses possibles et l'on n'a pas forcément besoin d'avoir un Univers en expansion pour obtenir ce décalage vers le rouge de la lumière ».

Au final, nous ne savons pas grand-chose. L'Univers est-il fini ou infini ? Quelle est sa topologie ? Est-il torique ? Hypersphérique ? Euclidien (continu) ET non-Euclidien (discontinu)? Avec plusieurs métriques ? Certaines zones des mathématiques n'échappent-elles pas à la réalité physique ? L'Univers, non statique, n'explore-t-il pas, avec le temps, l'ensemble de ces zones ? Sont-elles compréhensibles par l'esprit humain ? N'existe-t-il pas une réalité métaphysique ? Cette dernière ne gouverne-t-elle pas la réalité physique ? Nous ne percevons que 5% de l'Univers visible, le reste n'est pas perceptible par nos sens, ni même par leurs extensions. De quels sens disposons nous pour percevoir la réalité des Nombres, sans dimensions ?

Revenons à notre électron, on obtient la même vitesse avec la formule suivante :

$$V = [(\hbar.c^2)/(2Q_é^2.K_c)] = 20\ 541\ 179\ 500\ m.s^{-1} = 68,518\ fois\ c.$$

autrement dit : $V = c / 2\alpha_{ém}$

Ce qui est sûr, c'est que l'équation de **Lorentz***, indispensable à la Relativité, démontre qu'au-delà de c, la masse devient « imaginaire » et même, change de signe. Calculons cette masse, (M'), pour la vitesse V =* **20 541 179 500 m.s⁻¹***, à partir de la masse de l'électron* $M_é$ = **9,109.10⁻³¹ kg.**

$$M' = \frac{M_é}{[1 - (V^2 / c^2)]^{0,5}}$$

$$= M_é / (1 - 4694,716)^{0,5} = M_é / (68,518\ i) = M' = -\ 1,329487682 . 10^{-32}\ i$$

Cette masse étant négative, son énergie l'est aussi. En novembre 1962, paraissait un article du physicien russe **J.P Terletsky** *intitulé :* « **Masses propres positives, négatives et imaginaires (19)**». *Ce travail était dédié à Monsieur* **Louis De Broglie** *à l'occasion de son 70ᵉ anniversaire. On s'y interrogeait déjà sur la façon de détecter au moins les effets produits par des masses négatives, ou imaginaires.*
En 1967, le physicien russe **Andreï Sakharov** *(1921-1989), les introduit dans son modèle d'univers.*
Abdus Salam, Green et Schwarz*, proposeront un modèle d'Univers gémellaire (deux univers imbriqués l'un dans l'autre), ils proposeront le terme de Shadow-Univers (univers-ombre), pour qualifier ce second univers (20).*
Puis **Jean-Pierre Petit** *reprendra les travaux de* **Sakharov, Dirac, Einstein**… *pour développer la Relativité Générale en y intégrant, avec deux équations de champ couplées, les masses négatives et imaginaires, c'est son modèle Janus.*

En ce qui concerne les masses, positives et négatives, nous savons depuis Newton que deux masses positives (en relief) s'attirent. Donc il va de soi qu'une masse + et une masse – auront un comportement différent, et il n'y en a pas 36, donc elles se repoussent. Et si une masse + et une masse – se repoussent, il va de soi que deux masses – (en creux) auront un comportement différent également, donc elles s'attirent , conformément aux lois d'action/réaction.

Dans le tableau 7 nous avons mentionné le Spin (S) et le moment magnétique de l'électron calculé par **Niels Bohr***, (μ_B).*

$\mu_B \ (L^2T^{-1}Q_é) = (\hbar.Q_é)/2.M_é) = 9{,}274.10^{-24} = (r_i^2\,Q_é) / 2\,T_i$

$S = \hbar/2 = 5{,}2728.10^{-35}$

Nous pouvons en déduire :

$$\boxed{(\hbar\,Q_é / 2\mu_B) = M_é \text{, la masse de l'électron, soit : } 9{,}109.10^{-31}\,kg}$$

Ce qui sous-entend une « double origine possible » à la masse totale de l'électron, le Spin S et le rapport charge / moment magnétique.

$Q_é / c^2 = 1{,}7826.10^{-36}\ (L^{-2}\,T^2\,Q_é)$

et

$\hbar / 2\mu_B = 5{,}6856.10^{-12}\ (M_é\,Q_é^{-1})$

Donc : $(Q_é / c^2)\,.\,(\hbar / 2\mu_B) = (L^{-2}\,T^2\,Q_é)\,(M_é\,Q_é^{-1}) = M_é / c^2$

*Avec cette formule, nous pouvons également retrouver la masse de **Planck, M_p** .*

$M_p = 2{,}176.10^{-8} = (\hbar\,Q_p / \mu_p)$

$\mu_p = \textbf{moment magn.} = L_p^2\,T_p^{-1}\,Q_p = 9{,}087.10^{-45}$

Le spin S de cette particule de Planck, dans ce cas, est égal a 1, c'est un boson.

Nous avons vu qu'il était peut-être possible que :

$\hbar/2 = M_é\,.(2\pi\,.R_c).V$ *, avec V supérieur à c, et nous en avons déduit que M devient une masse négative et imaginaire avec la formule de **Lorentz**.*

*Ce n'est là que spéculation, mais nous pouvons fort bien supposer, que l'électron puisse avoir une masse, finalement, de nature complexe, avec une partie réelle et une partie imaginaire... A la fin de sa vie, **Albert Einstein** imaginera des fonctions $g_{\mu\nu}$ à valeurs complexes de la forme a+bi ; la partie réelle représentait le champ gravitationnel, et le partie imaginaire le champ électromagnétique, mais sa théorie n'aboutira pas.*

*L'étude des symétries CPT implique l'existence de matière et d'anti-matière, mais aussi, de masses positives (en relief), et de masses négatives, (en creux), ce que démontre les équations de **Dirac**. La notion de masse imaginaire ne doit pas nous déconcerter, <u>les nombres dits « imaginaires » sont tout aussi réels que les nombres dits réels, (ce sont simplement des racines carrées de nombres réels négatifs)</u>. Et la charge électrique pourrait être, comme le supposait **J.P Petit (20)** en 1997, une « masse imaginaire ».*

Nous savons que le comportement des charges est à l'inverse de celui des masses. 2 charges de même signe se repoussent, et 2 charges de signes contraires s'attirent, (c'est le contraire pour les masses). Cela pourrait impliquer que les masses sont réelles, et les charges, des masses imaginaires, et nous avons vu que Q = Nombre.

Question :

Ce nombre est-il réel, imaginaire, ou complexe ?

Nous pouvons aussi supposer l'existence de 4 types de masses réelles, et 4 types de masses imaginaires.

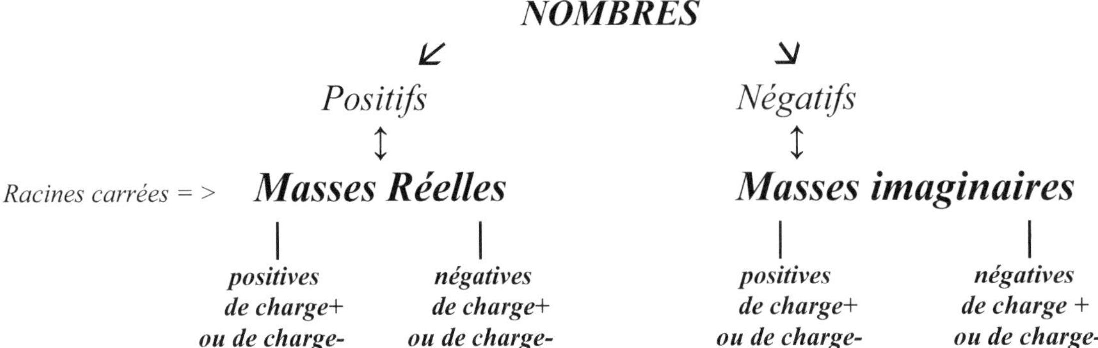

Soit 8 cas de figures au total.

*Ce sont les physiciens **O.M. Bilaniuk** et **E.C.G. Sudarshan** qui ont suggérés d'appeler LUXONS les particules se déplaçant à la vitesse de la lumière, et TARDYONS celles de masse propre positive se déplaçant à des vitesses inférieures à celle de la lumière. Les particules supraluminiques sont les TACHYONS (de masse imaginaire).*

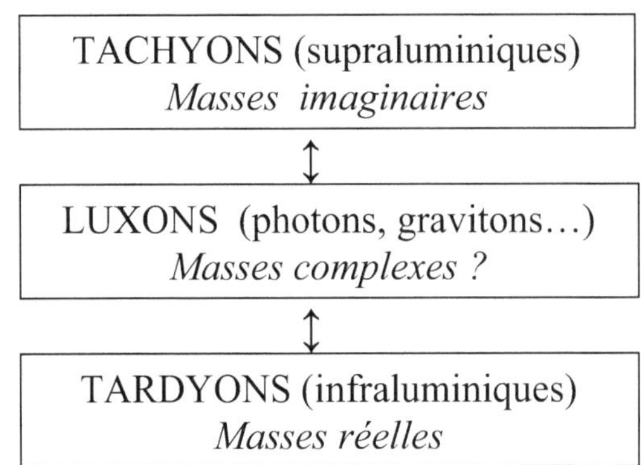

*C'est **Robert LINSSEN** qui nous rappelle :*

« Dès 1960, plusieurs physiciens dont **John R. Boccio** et **E.C.G Sudarshan** démontrèrent l'existence de particules supralumineuses. Contrairement à ce que l'on pense généralement l'existence de telles particules n'infirme pas les postulats de la relativité einsteinienne.../… Signalons que l'observation récente des « quasars » révèle l'existence de « tachyons » animés d'une vitesse dix fois supérieure à celle de la lumière. Cette vitesse à été observée lors des échanges intensifs se produisant entre les deux étoiles des « quasars ». (21)

<u>**Modèle bimétrique de J.P Petit, non-localité et théorème de Bell :**</u>

*Jean-Pierre Petit, dans son modèle bimétrique, ou modèle Janus, impliquant masses positives et négatives, réelles et imaginaires, détermine également une vitesse dix fois supérieure à celle de la lumière dans ce qu'il nomme l'envers de notre univers. Avant d'en dire plus, rappelons nous cette citation d'**Auguste Lumière** :*

« Cet ostracisme envers les novateurs n'est point un fait d'exception ; bien peu de novateurs y échappent et l'on peut, sans hésiter, formuler cette règle générale que tout savant qui découvre un principe s'écartant du conformisme classique, est dans l'impossibilité de faire accepter ses idées, quelle que soit la rigueur des arguments qui en démontrent formellement l'exactitude…
Le sort injuste des novateurs, la méconnaissance et l'oubli de leurs œuvres, les jugements iniques qu'on prononce contre eux, les persécutions mêmes qu'on leur inflige, sont la règle ; maints savants et philosophes les ont signalés et déplorés, mais il ne semble pas que l'on ait songé encore à réagir contre cet état de chose… Les conformistes occupant les situations sociales les plus élevées continuent, comme par le passé, à combattre ou à étouffer toutes les découvertes qui ne cadrent pas avec leurs préjugés et avec les dogmes en vigueur dans les Traités classiques…
Nous sommes personnellement bien placé pour le savoir. A quoi sert d'encourager la recherche scientifique si les fruits de ces investigations sont destinés à être enterrés et si leurs auteurs sont, par avance, condamnés à l'oubli ou même à la persécution. »
(Les fossoyeurs du Progrès, les Mandarins contre les Pionniers de le Science, extrait, 1942.)

*Le Modèle Cosmologique Janus de J.P Petit est une extension de la Relativité Générale d'Einstein décrivant l'Univers comme une variété riemannienne à deux métriques. Il prend sa source dans les travaux d'Andrei Sakharov et de Jean-Marie Souriau (Géométrie Symplectique), cette dernière démontrant que l'inversion du Temps (symétrie T), inverse le signe de l'énergie et donc de la masse. Cet Univers parallèle de masses et d'énergies négatives est décrit par **J.P Petit (22)** comme étant l'envers de notre Univers. Les longueurs y sont divisées par 100, et la vitesse de la lumière y est multipliée par 10. Nous pouvons en déduire que le Temps de **Planck** est divisé par 1000, et la masse multipliée par 100, et définir, dans cet Univers parallèle, les valeurs de quelques constantes, (G, F, h…), d'où le tableau n°8 suivant.
Si notre versant d'Univers est en expansion, son recto est en contraction. Le physicien **Renaud Parentani (23)** est l'un des rares à s'être interrogé sur le couplage entre univers en expansion et univers en contraction, là encore, c'est une affaire à suivre…*

Le tableau suivant reprend donc les valeurs des principales constantes physiques dans cet envers supposé de notre univers, et dont les dimensions de base ont des valeurs négatives.

Tableau 8

Dimensions et Constantes	Envers de notre Univers	Rapports
Masse de Planck = $2,176.10^{-8}$	$-2,176 . 10^{-6}$ kg	x 100
Longueur de Planck = $1,616.10^{-35}$	$-1,616..10^{-37}$ m	/ 100
Temps de Planck = $5,39.10^{-44}$	$-5,39.10^{-47}$ s	/ 1000
c (L.T -1) = 299 792 458	+ 2 997 924 580 m.s-1	x 10
G (M -1L3T -2) = $6,673.10^{-11}$	$+ 6,673.10^{-13}$	/ 100
h (ML²T⁻¹) = $1,054.10^{-34}$	$+ 1,054.10^{-33}$	x 10
F (la Force, MLT⁻²) = $1,21.10^{44}$	$+ 1,21.10^{50}$	x 10⁶
Pr (Pression ML⁻¹T⁻²) = $4,634.10^{113}$	$+ 4,634.10^{123}$	x 10¹⁰
E (Énergie ML²T⁻²) = $1,956.10^{9}$	$- 1,956.10^{13}$	X (10⁴. -1)
g (LT⁻²) = $5,56.10^{51}$	$- 5,561.10^{55}$	x (10⁴. -1)
p (MLT⁻¹ l'impulsion) = 6,523	- 6523,48	x (1000. -1
Q₍é₎ (la charge électrique) = $1,602.10^{-19}$	**Idem = Nombre**	
μ₀ (la constante magnétique) = $4\pi\ 10^{-7}$	**Idem = Nombre**	
ε₀ (pouvoir inducteur du vide) = $8,854.10^{-12}$	$+ 8,854.10^{-14}$	/100

Une règle mathématique, banale, apparaît dans le calcul de ces constantes ; dès lors que la somme des exposants des dimensions de leurs produits dimensionnels est un nombre impair (+ ou – 1, + ou – 3 ...), la valeur de la constante sera négative.

*Nous avons donc une valeur négative pour l'énergie ainsi que pour l'accélération et l'impulsion, conséquence de la symétrie T, qui implique une masse négative, (théorème de **Jean-Marie Souriau**), et nous voyons que toutes les autres constantes, ici mentionnées, sont positives. Leurs valeurs diffèrent, d'un facteur 10, ou 100... Si nous transformons les trois dimensions de base de ce tableau en les multipliant par i, la pression devient négative, mais reste réelle.*

*Bien sur on peut toujours penser que certaines zones des mathématiques échapperaient à la physique, échapperaient aux lois de la Nature et à la réalité, nous faisant passer dans un monde métaphysique, (méta = au-delà), mais les processus d'émergence dans la nature n'ont-ils pas une connotation métaphysique ? Rappelons nous ce qu'écrivait le mathématicien **Charles Hermite** (1822-1901) :*

« Je vous ferai bondir, si j'osai vous avouer que je n'admet aucune solution de continuité, aucune coupure entre les mathématiques et la physique, et que les nombres entiers me semblent exister en dehors de nous et en s'imposant avec la même nécessité, la même fatalité que le sodium, le potassium, etc. »

Ainsi, chaque atome serait dépositaire d'une information (nombre), spécifique. Et nous connaissons fort bien toute l'importance des oligo-éléments, en biologie moléculaire, dans le bon fonctionnement de l'ADN et de nos cellules, (équilibre acido-basique, apport en fer, en calcium... le calcium de nos os est régulièrement remplacé tous les ans, est-ce à dire qu'il perdrait de son information ? De sa charge vitale ? Au point qu'il soit nécessaire de le remplacer?)

*Autre question, ces deux versants de notre Univers peuvent-ils communiquer ? A priori rien ne s'y oppose, surtout depuis la mise en évidence de la Non-Localité. Démontrée à partir du Théorème de **Bell**.*

La Non-Localité est un monde dans lequel il existe des actions possédants les caractéristiques suivantes (24):

1) Ces actions sont instantanées. (Le concept de vitesse disparaît et implique des possibles phénomènes de synchronicités, voir la télépathie, la médiumnité...).
2) Elles ont une portée arbitrairement longue.
3) Leurs effets ne décroît pas avec la distance. (Contrairement à la constante G, par exemple).
4) Leurs effets sont individualisés.

*Par ailleurs, il faut bien comprendre que le résultat de **Bell** exclut uniquement les variables cachées qui seraient nécessaires pour sauver la localité. Aussi la théorie de **De Broglie-Bohm**, impliquant la Non-localité (sans exclure une variable cachée non local), ainsi que le déterminisme (Dieu ne joue pas aux dés), et la notion de Potentiel Quantique, était-elle défendue par **J. Bell**.*

*Il est fort probable que la charge, Q, la constante magnétique, μ_o, et la constante de structure fine, α, <u>qui sont des nombres</u>, aient mêmes valeurs dans ces deux versants de l'Univers, alors que K_c , la constante de Coulomb est multipliée par 100, et ε_o , divisée par 100. Mais que l'un soit métaphysique comparativement à l'autre, rien ne le démontre vraiment, tout deux ont à mon sens une réalité physique et une réalité métaphysique, (qui implique le bios), donc « réelle » et « imaginaire », et la grande épreuve de la physique quantique du 21ème siècle, sera incontestablement de passer de la physique de l'éther, à la physique de la Conscience (25), de la matière inerte à la matière vivante. Et de répondre à des questions d'ordre existentiel. La Conscience, « Variable Cachée » ? Quoi qu'il en soit, ne faisons pas de nos certitudes des remparts infranchissables. L'émergence de la conscience, qu'elle soit un nombre ou pas, me semble tout aussi fondamentale, dans l'organisation cosmique de l'univers, des quarks aux galaxies, que celle du spin pour garantir l'hétérogénéité des particules et des atomes, des molécules et du caractère identitaire dans la variabilité des espèces. Le résultat des analyses de l'organisation mathématique des quatre bases biochimiques de l'ADN par **Jean-Claude Perez** (26) nous apporte un éclairage extraordinaire dans ce domaine, et nous démontre, si besoin était, que si rien ne va plus en physique, rien ne va plus également en génétique.*

*Fabrication de nouveaux virus, modifications génétique des 4 bases (molécules d'atomes aux propriétés quantiques) de l'ADN issues des lois la nature, (y compris de l'uracile des ARN messagers (27)), vaccins à ARN_m génétiquement modifiés, franchissement de la barrière des espèces en combinant différents génomes, « greffes » expérimentales sur l'être humain par l'intermédiaire de vaccins expérimentaux, génétiquement modifiés, sous couvert d'une soit disant empathie... (empathie par ailleurs très intéressée financièrement). Que se cache-t-il derrière tout cela ? Si ce n'est ce que **W. Reich** sous-entendait déjà dans son livre : « L'éther, dieu et le diable » ? Nous confirmant cette remarque de **Claire Séverac** (28) :*

« J'ai parlé un jour avec **Pierre Hillard** en lui disant : *Je ne comprend pas, ça ne peut pas être que le pouvoir, ça ne peut pas être que l'argent...* et je ne voulais pas verser dans le satanisme, pour moi c'était énorme ! Et finalement il m'a dit : *tu verras, tu ne pourras pas occulter cette dimension.* »

Je suis le dieu Toum.
Je suis Khepra, le dieu de l'éternel Devenir
Qui, caché dans le sein de sa Mère céleste, Nut,
Sculpte et modèle sa propre Forme.
Ceux qui habitent dans l'Océan céleste
Deviennent méchants comme des loups ;
Les Esprits des Hiérarchies
Deviennent enragés comme des hyènes,
En entendant mes Paroles de Puissance.
Car ces Paroles de Puissance,
Je les recherche et les cueille de partout
Avec plus de vitesse que la lumière,
Avec plus de zèle qu'un chien de chasse.

Chapitre XXIV du « Livre des Morts des Anciens Égyptiens ».
Une incantation pour le défunt . (Extrait).

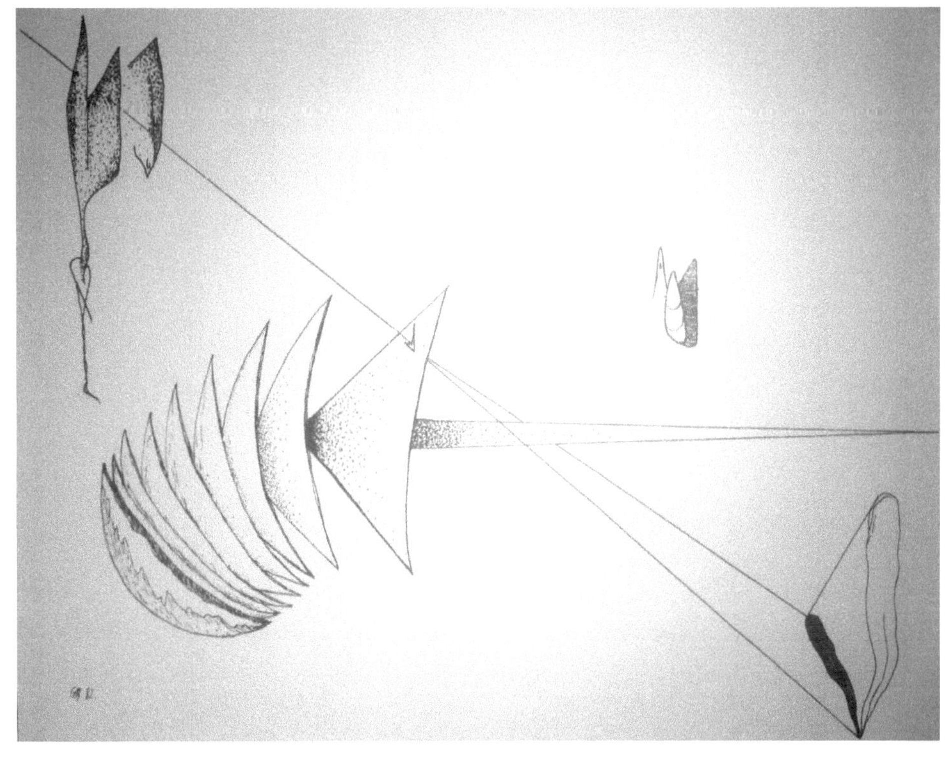

Horloge cran-d'arrêt (1982, GB)

<u>**ANNEXE I**</u>

LES SIX CHAMPS DE FORCES selon Lucien Romani (1909-1990).
(*in* : Structure des grandeurs physiques, Ed. Albert Blanchard, 1989).
3 champs non nucléaires et 3 champs nucléaires, que représentent les deux figures suivantes :

Aux 3 champs nucléaires correspondent 3 types de liaisons particulaires entre les systèmes physiques s'établissant par l'intermédiaire des champs.

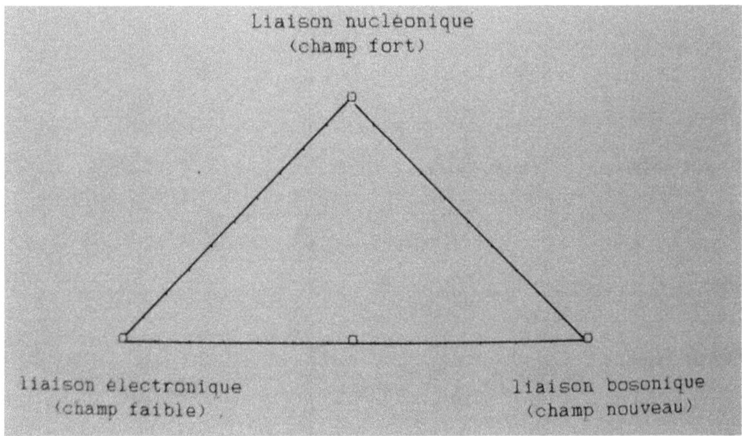

De manière analogue, les 3 champs non nucléaires donnent lieu à 3 types de liaisons macroscopiques.

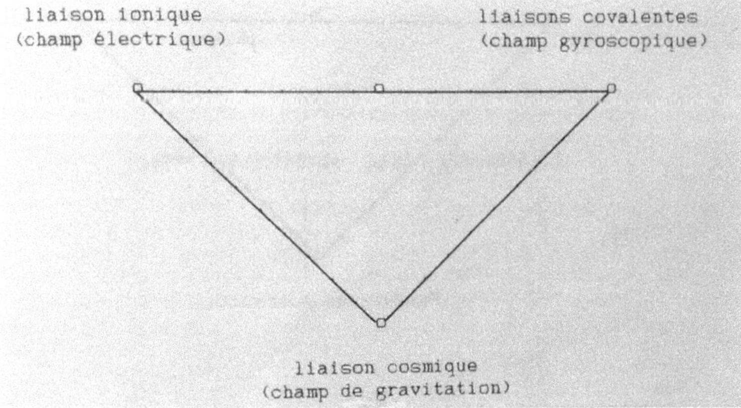

<u>**GRANDEURS PHYSIQUES DES SIX CHAMPS DE FORCES**</u>
<u>**selon Lucien ROMANI.**</u>

C'est en "injectant" dans la physique théorique une ancienne théorie mathématique, dite "dualité" que Lucien Romani découvrit l'existence de six champs de forces ainsi que de trois espèces d'ondes universelles.
Le 3^{è} champ, non nucléaire, dit "gyroscopique", donne la clef de quantité d'énigmes non résolues, à commencer par le mode d'action de l'homéopathie.
Un "Opérateur universel" permet également de former les signatures de toutes les grandeurs physiques au nombre de 408, (6 fois 68). Une grande majorité d'entre elles sont encore méconnues voir ignorées de nos jours.

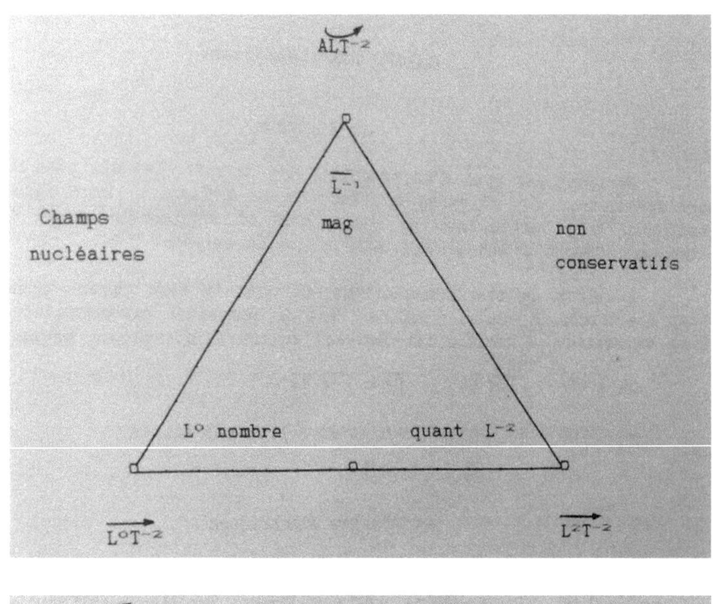

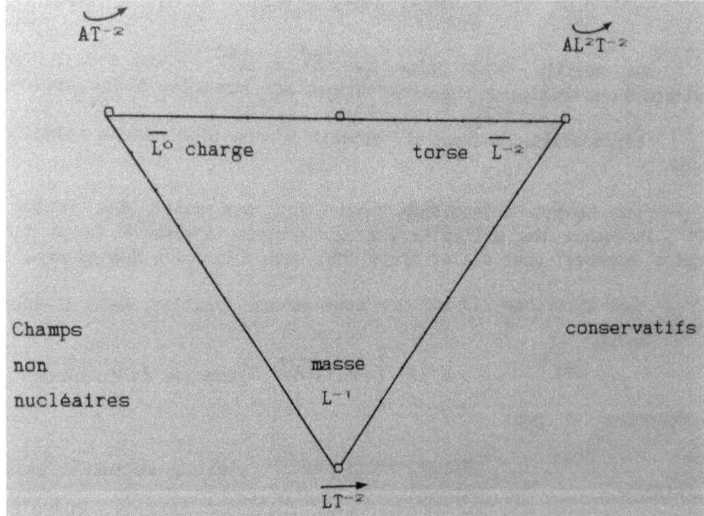

Extrait de : <u>STRUCTURE DES GRANDEURS PHYSIQUES</u>, (analyse dimensionnelle absolue), librairie scientifique et technique Albert BLANCHARD.

STRUCTURE DES GRANDEURS PHYSIQUES,
(analyse dimensionnelle absolue), librairie scientifique et technique
Albert BLANCHARD. (Extrait).

Page 4 de couverture.

Cet ouvrage constitue le plus grand effort jamais accompli pour pénétrer dans les arcanes de la Physique. Qu'on en juge :

1°) Les grandeurs fondamentales ne doivent pas être choisies mais *découvertes.* Ce sont le temps, la longueur et l'angle (qui n'est pas un nombre « pur »). La masse est homogène à une courbure, la charge électrique, à une hélicité (torsion/courbure).

2°) Les notions d'*additivité,* « en série » et « en parallèle », connues en électricité, ont pu être généralisées (il existe 5 cas et les 3 composantes d'un vecteur appartiennent à 3 cas différents!). La « Théorie de l'additivité » aboutit à une classification des grandeurs physiques, de type « zoologique ».

3°) Sous l'appellation « Gémellité », la distinction connue entre « masse inerte » et « masse pesante » s'étend à toutes les grandeurs physiques, hormis le temps. Dans une transformation de Lorentz, les « jumelles » ou bien ne varient pas, ou bien varient en sens contraires. Ceci permet de lever tous les paradoxes de la Relativité restreinte.

4°) L'auteur injecte dans la Physique théorique, une ancienne théorie mathématique, dite « Dualité ». Résultats : il existe *nécessairement* 6 champs de forces (soit 2 inconnus) et 3 espèces d'ondes universelles (2 en sus des ondes électromagnétiques). Le 6e champ, dit « gyroscopique », donne la clef de quantité d'énigmes à commencer par le mode d'action de l'homéopathie.

5°) Couronnant le tout, un « Opérateur universel » permet de former les « signatures » de toutes les grandeurs physiques. On vérifie que chaque signature correspond à une seule grandeur et que toute grandeur présente une signature et une seule.

Jusqu'ici la majorité des grandeurs étaient inconnues.

La Physique entière est ainsi réduite « à la figure et au mouvement », comme le voulait Descartes, dès le XVIIe siècle. Un champ immense, totalement inconnu, s'ouvre à l'expérimentation.

Page 193 : La Parabole de l'ascenseur.

Einstein avait conclu à l'identité (ontologique, en quelque sorte) du champ de gravitation et du champ d'accélération (il ignorait, bien sur, leur gémellité).

Là-dessus, les vulgarisateurs n'ont pas manqué de broder. L'un d'eux à lancé « la parabole de l'ascenseur », que je rappelle brièvement. Des gens, enfermés dans une cabine d'ascenseur, close et dépourvue de hublot, sont en mouvement uniformément accéléré, dans le vide, grâce à un ange musclé qui tire sur le câble. D'après le principe d'équivalence énoncé ci-dessus, il leur est impossible de savoir s'ils sont accélérés, comme c'est le cas, ou si, au contraire, ils sont au repos dans le champ de gravitation d'un astre.

Or, ceci est faux. En effet, l'étude de la symétrie des champs montre que les occupants de la cabine peuvent théoriquement lever l'indétermination. Il leur suffit d'observer la direction de la verticale aux quatre coins de leur cabine. En cas d'accélération, les verticales sont parallèles (champ à symétrie plane), en cas de gravitation, elles convergent vers le champ attractif (champ à symétrie sphérique). Les deux champs ne sont pas identiques, ils sont *jumeaux*.

Le Professeur Monod-Hertzen m'a demandé si la conclusion serait encore valable dans un satellite artificiel en apesanteur dans le champ d'un astre. Voici la réponse (positive) : il suffirait de coller sur la charpente du vaisseau spatial des jauges de contraintes. Elles révéleraient que les longerons (pièces orientées dans le sens du mouvement) sont en *extension*, l'attraction étant différente aux deux extrémités. Toutefois la précisions requise (mieux que 10^{-5}) n'est pas encore réalisable sur un satellite artificiel mais cela ne met pas en cause le principe énoncé. La différence de nature des deux champs existe de toute façon, qu'on sache ou non le mettre en évidence.

Il y a encore beaucoup d'autres choses. Par exemple, du vivant d'Einstein, un astre est passé derrière le Soleil ; on a mesuré la déviation des rayons lumineux et on a trouvé 1,75. A ce moment là, les autorités US ont demandés à Einstein de trouver la formule. Einstein a trouvé un autre chiffre ; alors ces mêmes autorités lui ont dit : ou vous trouver 1,75, ou l'on vous renvoie en Allemagne. Un livre vient de paraître aux USA, écrit par sa secrétaire et son assistant, qui dévoile la misère d'Einstein à cause de la politique. Alors Einstein a fait des combinaisons malheureuses, et il a trouvé... 1,75 d'axe. Ce qui était complètement faux.
Emile Pinel. (La Science devant l'inconnu).

L'immobilité est un mouvement partagé.
Galilée

Histoire de L'ETHER (résumé des données de Lucien Romani).

L'une des bases de la démarche scientifique de Lucien Romani (1909-1990), a été de réintroduire l'Ether (concept très ancien) abandonné au début du XXe siècle par les physiciens car il aurait fallu lui accorder des propriétés antagonistes et contradictoires et les contradictions semblaient impossible à surmonter. Cédons la parole à L. Romani :

« L'éther en Grèce était une région située au sommet de l'atmosphère et baignant dans un fluide hypothétique très dilué et très chaud. Or, curieusement, c'est exact. On a découvert il y a quelques années, avec les satellites artificiels, qu'effectivement il y a bien une couche d'hydrogène à 500° de température. Après cette période grecque, le concept a évolué mais, par contre le mot a disparu. Pour Descartes, il était clair qu'il n'y avait qu'une seule substance dans la nature qu'il appelait la « Res extensa », la « chose étendue ». Cette « chose étendue », pour lui, n'avait aucune lacune, le vide ne pouvant pas exister. Il a affirmé explicitement que s'il y avait le vide dans une bouteille, les deux parois de la bouteille se toucherait. Autrement dit, c'est un philosophe du « plein », par opposition aux philosophes du « vide » pour qui le monde est constitué d'un vide dans lequel les corps évoluent. Au XVIIe siècle, il y avait donc les tenants des «petits corps », que l'on a nommés plus tard les atomes, et les tenants de la « matière subtile », l'Ether. La théorie moléculaire ayant prévalue (elle remonte à la Grèce et à Démocrite), on a imaginé au XIXe siècle qu'on avait les deux, c'est-à-dire que les « petits corps » (atomes et molécules) étaient plongés dans la « matière subtile », l'Ether. On s'est alors posé la question de savoir si les corps, en se déplaçant, entraînaient ou non l'Ether, cependant les résultats des expériences étaient incompréhensibles. Il y avait toujours une expérience qui prouvait que l'Ether n'était pas entraîné et une autre qui prouvait le contraire. On a même essayé de vérifier s'il n'était pas entraîné partiellement et, comme on aboutissait à rien sur le plan expérimental, on a transposé le problème sur le plan théorique. On a considéré d'abord que ce devait être un fluide, ensuite, puisque les planètes circulent comme dans du « vide » qu'il fallait que ce soit un fluide très subtil. D'autre part on comptait sur ce fluide pour propager la lumière, mais là on s'est heurté à deux difficultés : tout d'abord, la lumière se propageant à une vitesse énorme, 299792458 mètres par seconde, il fallait que ce fluide fût, à la fois, subtil et beaucoup plus rigide que l'acier et en outre, la lumière est une onde transversale, et non pas longitudinale. Dans les corps solides, les deux sortes d'ondes existent et ne se propagent pas à la même vitesse, les transversales vont moins vite que les longitudinales*. Dans les corps liquides et gazeux, seuls les ondes longitudinales se propagent. L'Ether du XIXe siècle était donc décevant puisqu'il fallait lui accorder des propriétés contradictoires. Ce qui fait qu'en 1905, Einstein décide de se passer de l'Ether. Il n'a pas dit qu'il n'existait pas, il a dit qu'il fallait faire les opérations sans s'en occuper, que l'éther existe ou non. Ainsi tout le monde a renoncé à l'Ether. Cependant, W. Thomson avait repris l'idée de Descartes, leur idée, c'est l'Ether constitutif, c'est-à-dire qu'il n'y a pas de « petit corps », il n'y a que l'Ether. Et ce que nous prenons pour des particules, ce sont des tourbillons d'Ether. Descartes avait conçu la théorie des tourbillons et, comme il ne peut y avoir de vide, il disait que tous les tourbillons s'appuient les uns contre les autres de manière à ne jamais laisser de lacunes. Dons pour Descartes, un gros tourbillon qui était la Terre s'appuyait sur un autre tourbillon qui était Vénus etc... Ce n'était pas très satisfaisant. Mais pour Thomson, c'était les atomes qui étaient des tourbillons microscopiques extrêmement denses tournant très très vite et simulant des corps solides. Il demanda à Helmholtz d'établir la théorie du tourbillon élémentaire d'Ether. Helmholtz donna les calculs à Lord Kelvin qui vérifia s'il pouvait expliquer l'atome d'hydrogène (cela dans les années 1870), comme cela était impossible, il abandonna le concept de l'Ether et on en parla plus. A partir du XXe siècle, l'Ether fut donc répudié. » L. Romani poursuit en précisant que c'est en 1965 qu'il eut la même idée que W. Thomson. Il refit les calculs d'Helmholtz mais en mécanique relativiste et il s'est trouvé que le modèle complet du tourbillon relativiste d'Ether correspondait rigoureusement aux propriétés de l'électron, particule que Lord Kelvin ignorait à son époque. A partir de ce moment, L. Romani a revu et réécris toute la physique dans ce cadre.

Considérant désormais l'Ether comme la substance universellement constitutive, celle-ci n'est ni atomique ni moléculaire. Elle est d'une seule pièce, continue, et elle peut transmettre n'importe qu'elle onde, elle est élastique dans tous les sens et par conséquent, elle transmet l'onde longitudinale, transversale ou torsionnelle, peu importe. Elle n'est pas comprimée, comme l'air ou un gaz moléculaire, au repos elle n'est pas tendue, elle se tend quand elle se met en marche, elle est tendue par le mouvement, elle décrit des trajectoires courbes et c'est une force centrifuge qui tire dessus et qui la tend... Ayant pu lever toutes les contradictions et paradoxe de la relativité restreinte, L. Romani poursuit ainsi :

« J'ai de plus démontré que toutes les ondes d'Ether se propage à la même vitesse : la vitesse de la lumière, c. Il y a donc une différence avec les corps solides, pour lesquels la vitesse dépend du type d'onde. Dans l'Ether, la vitesse d'une onde quelconque est celle d'une perturbation de pression dans le fluide. Ainsi la vitesse de la lumière dans l'Ether correspond à la vitesse du son dans l'air (mais elle est beaucoup plus grande). Or ici une question se pose : il y a-t-il un son dans l'Ether ? Il y a-t-il une onde longitudinale dans l'Ether ? Première constatation c'est l'onde de gravitation. Dans la théorie de l'Ether constitutif, la gravitation provient non pas de la courbure de l'espace comme dans la théorie de la relativité générale, mais du fait que l'**Ether n'ayant pas**

partout la même densité, les parties denses ont tendance à remplir le vide relatif des parties moins denses, et comme les tourbillons créent une baisse de densité, ils appellent à eux l'Ether de toutes parts. On a plus besoin de l'espace courbe et des folies de l'espace-temps à quatre dimensions, courbé, tordu. C'est inutile. Ce n'est pas faux du point de vue mathématique, c'était même génial, mais cela devient tout simplement superflu. Car en supprimant l'Ether, Einstein s'est privé de la gravitation. Il s'en est aperçu et il a alors inventé quelque chose pour la réintroduire, c'est sa fameuse courbure de l'espace. Mais à partir du moment où on garde l'Ether, le temps et l'espace classique marchent très bien. Donc je savais déjà tout de suite que l'onde longitudinale d'Ether me fournissait, indirectement, la gravitation. Ce n'est pas elle qui est la gravitation, c'est le fait qu'en se propageant cette onde crée des différences de densité dans l'Ether et ce sont ces différences de densité qui font la gravitation. Il y a un japonais qui est parti de la même idée, il a refait le calcul avec cette hypothèse et il a retrouvé l'avance du périhélie de Mercure exactement comme dans la théorie de la relativité générale. De même en écrivant les équations de la mécanique des fluides pour l'Ether élastique j'ai retrouvé tout le formalisme de la relativité restreinte. Donc la relativité n'est pas fausse, mais elle a des bases qui sont fausses. Du fait qu'elle ne prend pas l'Ether pour base, elle doit créer des bases artificielles comme la courbure de l'espace et le couplage de l'espace et du temps qui ne sont que des astuces mathématiques destinées à remplacer l'Ether impudemment abandonné. Bien entendu, cette onde longitudinale d'Ether, ce « son » de l'Ether, se manifeste à nous de différentes manières, et pas seulement par la gravitation ; de même que les ondes électromagnétiques de Maxwell se manifestent sous formes d'ondes radio, de rayons X, de lumière, et que, suivant les circonstances, la manifestation et le procédé de détection ne sont pas forcément les mêmes ». *L. Romani poursuit démontrant que l'onde d'Ether explique également la télépathie, le rayon N de Blondlot, l'émission du réseau Hartmann et le signal du sourcier bien connu des radiesthésistes.*

** Pour B. Bourbon, dans son ouvrage « l'Ether. Essai de synthèse des théories de la physique moderne » (Dunod, 1948), les ébranlements réservés à la gravitation se propagent à la vitesse :*
$V = [(\lambda + 2\mu)/\rho\,]^{0,5}$; *ils sont longitudinaux.*
Les ébranlements transversaux des ondes électromagnétiques se propagent à la vitesse :
$V = (\,\mu/\rho\,)^{0,5}$
λ et μ sont les coefficients de Lamé, (de dimensions $M\,L^{-1}\,T^{-2}$, soit celui d'une pression).
$\rho\ (M\,L^{-3})$ désigne la densité moyenne de l'éther (théorie de l'élasticité des solides).
La vitesse de propagation de la gravitation pourrait donc être supérieure à celle de la lumière, <u>sauf si le facteur λ est une pression négative.</u>

Sources bibliographiques :
- La Science devant l'inconnu. Entretiens de Christine Hardy, éditions du Rocher, 1983.
- Ondes méconnues. Cahier n°2 de la Société Française de cybernétique et des systèmes généraux. Novembre 1977. 82 Bd de Port Royal, 75005 Paris.
- Travaux récents sur une onde longitudinale peu connue. (En collaboration avec G. Ferone de la Selva). 109ème Congrès Nat. Des Sociétés Savantes, Dijon, 1984

<u>**ANNEXE III**</u>

La Matière selon Newton (une conception fractale).

Dans «l'optique », livre 2 (1716), Newton développe une conception de la matière remarquable. Selon lui, les substances physico-chimiques sont des amas de molécules dont chacune consiste en espace vide et particules plus petites en proportion volumique égale. Chacune de ces particules est composée à son tour de sous-particules plus petites encore et d'espace vide dans la même proportion volumique et ainsi de suite.
A. Thackray, (univ. De Pennsylvanie), a élaboré le modèle cubique suivant afin de visualiser cette conception. On y voit que la proportion volumique matière/vide décroît hyperboliquement selon l'expression $1/(2^n-1)$ ou n représente le niveau de complexité.
Plus les molécules sont complexes, et partant, plus volumineuses et plus poreuses, plus leurs poids volumiques diminue. Ainsi la complexité des molécules varie en raison inverse de leur densité. Cette dernière est considérée comme la propriété clé d'une substance physico-chimique.

Henk KUBBINGA.

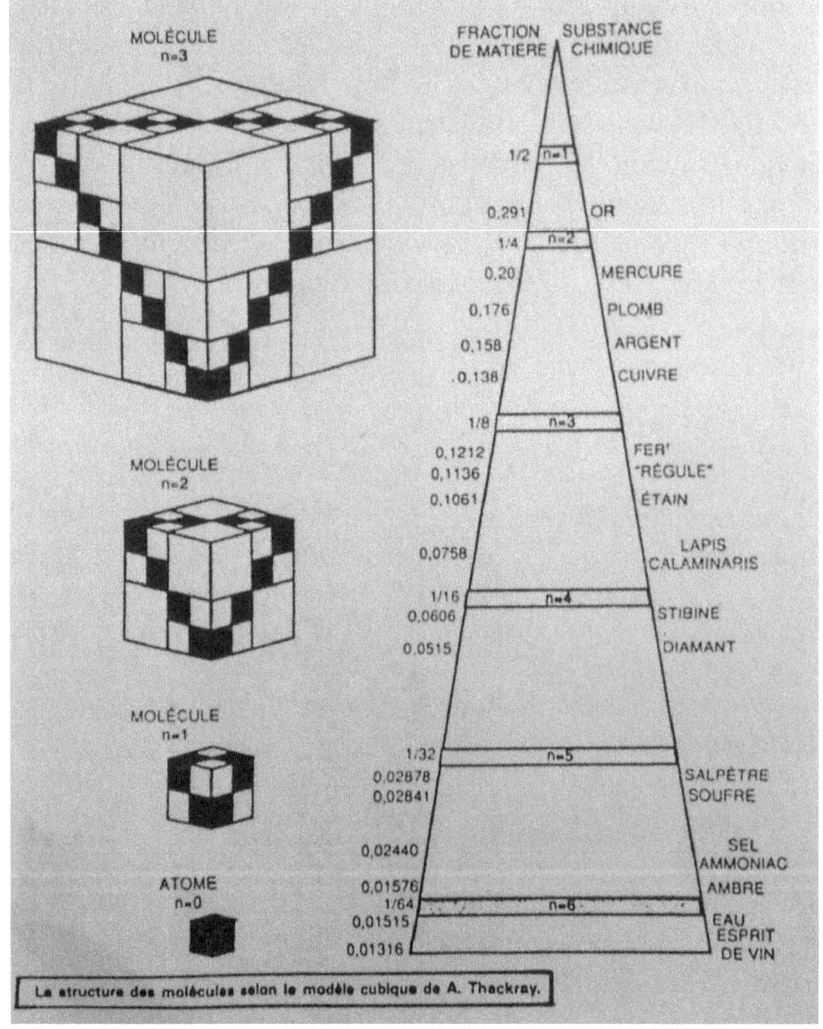

Théorie Générale de l'Univers Physique. (Tome 2, extrait).

CONCLUSION (p. 185)

1) La mise en œuvre d'une analyse dimensionnelle perfectionnée permet de ramener la masse à l'inverse de la longueur ($M \equiv L^{-1}$) et la charge à un nombre analogue à une hélicité (torsion/courbure), pseudo-scalaire.

2) On en conclut que tout phénomène physique ou tout objet peut être ramené à un mouvement dans un fluide universel qui est la seule *substance* existante. Ce fluide est parfait, barotrope, homogène, monobloc, sans lacunes, continu (= non moléculaire).

3) Son énergie totale est nulle au repos. Le mouvement le met sous tension, ce qui le rend apte à propager aussi bien les ondes transversales de Maxwell que les ondes longitudinales de de Broglie.

4) Les seuls mouvements élémentaires possibles, à l'échelon local, sont les anneaux-tourbillons toriques et les ondes sphériques.

5 à 7) A l'échelle macroscopique, il peut exister un mouvement d'ensemble, expansion ou rétraction. La tension du fluide milite pour la rétraction. En effet, les galaxies conservent en moyenne des distances stationnaires mais, comme tout objet céleste producteur de tourbillons, elles se rétractent ainsi que leurs atomes et leurs photons. On a cru l'inverse (distances croissantes et dimensions fixes) mais l'expansion universelle est une illusion. L'espace-temps quadridimensionnel en est une autre. Il n'existait aucune raison pour rejeter l'euclidicité de l'espace et on en discerne une (au moins) pour la rétablir. En effet, la transformation dualistique permute la mécanique et l'électricité, ce qui montre que l'espace physique est identique à son dual, caractère euclidien.

8) Il n'est plus nécessaire de rejeter le temps newtonien car on peut obtenir la transformation de Lorentz à partir de l'élasticité de l'éther et expliquer le résultat négatif de l'expérience de Michelson.

9) On doit conserver le formalisme de la Relativité restreinte, avec une autre base, mais il faut rejeter la Relativité générale et les tenseurs amalgamant le temps et l'espace. On doit les remplacer par les quaternions dont la partie non vectorielle fournit la quatrième composante. Deux quaternions fondamentaux suffisent pour décrire, en principe, tous les phénomènes physiques.

10) La célérité, c_0, de la lumière dans le « vide » est une constante absolue indépendante de tout phénomène car son carré est égal au signe près au quotient de la pression de l'éther par sa densité, or l'exposant adiabatique est égal à l'unité du fait de la continuité du fluide. Il se pourrait toutefois que c_0 fût une fonction du temps.

11) Pour achever de définir l'éther, il faut une autre constante ayant des dimensions, soit celle de Planck, soit celle de Rydberg. Celle-ci est, en pratique, préférable parce que mieux déterminée et d'origine optique comme c_0.

12) Toutes les autres constantes peuvent être ramenées aux précédentes par le calcul. En particulier, on peut calculer la constante de la gravitation à partir de c_0, de la constante de structure fine (α) et de la constante universelle de Rydberg (R_∞).

13) Le caractère discontinu (quanta) provient :
a) de l'individualité des anneaux-tourbillons ;
b) du fait qu'ils possèdent deux circulations orthogonales, ce qui produit des trajectoires hélicoïdales devant se reboucler après des nombres *entiers* de tours.

14) La dualité onde-corpuscule s'explique par le fait que le tourbillon est à la fois objet (il transporte de l'éther) et phénomène (il induit des vitesses dans tout l'espace).

15) Le déterminisme doit être rétabli ; le *principe d'incertitude* exprime peut-être un point essentiel de la théorie de la *mesure* mais nullement de la théorie du Monde.

.../...

	ETHER			**ONDES**
1) L'Ether n'existe pas		===>		Seule possible : onde de concentration matérielle
2) **L'Ether existe : il est**	Distinct des corps	1) non entraîné	Durant le 19è siècle nombreuses expériences négatives de Fizeau, Arago, Michelson...	
		2) entraîné partiellement		
		3) entraîné totalement		
	Constitutif	1) Particulaire donc visqueux	========>	Ondes transversales ne se propagent pas Particules stables difficilement explicables
	2) **Continu donc parfait**	Incompressible ==>		Célérité des ondes infinie
		comprimé ====>		Ondes transversales ne se propagent pas
		Tendu ======>		**Aucune objection**

Tableau extrait de : Structure des grandeurs physiques. (Analyse dimensionnelle absolue), page 197, de Lucien Romani. Éditions Librairie Scientifique et Technique Albert Blanchard, 1989, Paris.

<u>Sources :</u>

(1) David LOUAPRE. *La plus grosse erreur de l'histoire de la physique.* ScienceEtonnante, YouTube.

(2) Lee SMOLIN. *Rien ne va plus en physique.* Dunod, 2007.

(3) Lucien ROMANI. *Structures des Grandeurs Physiques, analyse dimensionnelle absolue.* Albert Blanchard, 1989.
Théorie Générale de l'Univers physique, tome 1 & 2. Albert Blanchard, 1975 & 1976.

(4) Wikipedia.org. *L'Ether, Énergie du vide. Masses négatives.*

(5) Alain CONNES. *Le sel du quantique.* Ideas in Science, le 5/2/14 à l'IHES. YouTube.

(6) Jean-Jacques SAMUELI. *L'Ether des physiciens existe-t-il ?* Éditions Ellipses, 2011.

(7) Jérôme SAINT-MARC. *Que viens faire la vitesse de la lumière dans la formule de l'énergie E=Mc² ?* Quora.com

(8) Christine HARDY. *La Science devant l'inconnu.* Ed. Du Rocher, 1983. (page 187).

(9) Chris ESSONNE. *La genèse du gros bug de la Physique moderne.* Science Interdite. YouTube. *Masse négative, énergie noire et Stargates.* Science interdite. YouTube.

(10) Expérience de Michelson et Morley. Frédéric BOISSAC, YouTube.
Michel GENDROT , allocution sur l'histoire de la Théorie de la Relativité. http://allais.maurice.free.fr/laius.htm

(11) Wilhelm REICH. *L'éther, dieu et la diable.* Petite bibliothèque Payot, 1973.

(12) Albert EINSTEIN. *L'éther et la théorie de la relativité.* Conférence du 5/5/1920 à Leyde. Quanthomme.free.fr

(13) Stéphane LUPASCO. *L'expérience microphysique et la pensée humaine.* Ed. du Rocher.
Les Principes d'antagonisme et la logique de l'énergie. Ed. Hermann, 1951.
L'Univers Psychique. Ed. Denoël/Gonthier, 1979.

(14) Dominique FLAMENT. *Histoire des nombres complexes, entre algèbre et géométrie.* CNRS Éditions, 2003.

(15) Louis De BROGLIE. *La physique nouvelle et les quanta.* Flammarion, 1937. (page 263).

(16) Jean-Noël KERVIEL. *L'Être humain et les énergies vibratoires.* Ed. Phi, 2019.

(17) Étienne KLEIN et Aurélien BARRAU. *Relativité Générale, trous noirs, théorie d'unification.* Deus Sive Natura, 7/10/2018, YouTube.
Étienne KLEIN. *De quoi le vide est-il plein ?* ScienceProfiter, 5/10/2022, YouTube.

(18)) Jean Marie SOURIAU. *Géométrie et relativité.* Hermann, 1964.
Structure des Systèmes Dynamiques, Gounod, 1970.

(19) J.P TERLETSKY. *Masses propres positives, négatives et imaginaires.* https://hal.archives-ouvertes.fr/jpa-00236718

(20) Jean-Pierre PETIT. *On a perdu la moitié de l'Univers.* Hachette, 1997.

(21) Robert LINSSEN. *Science et spiritualité.* Ed. Courrier du Livre, 1974.

(22) Jean-Pierre PETIT & Jean-Claude BOURRET. *Recherche Scientifique, un naufrage mondial.* Guy Trédaniel, 2022.

Jean-Pierre PETIT. *Métaphysicon,* Guy Trédaniel, 2020.

(23) Renaud PARENTANI. *La Cosmologie Quantique.* 17 mai 2017, YouTube.
Le statut du temps en Relativité Générale. Géométrie et dynamique de l'Espace-Temps.

(24) Jean BRICMONT. *Comprendre la physique quantique.* Odile Jacob, 2020.

(25) Philippe GUILLEMANT et Jocelin MORISSON. *La PHYSIQUE de la CONSCIENCE.*
Guy Trédaniel Éditeur, 2015.

(26) Jean-Claude PEREZ. *Codex biogenesis, les 13 codes de l'ADN.* Marco Pietteur éditeur,
2009.
L'ADN décrypté. Marco Pietteur éditeur, 1997.

(27) Science4All. *Les vaccins à ARN.* YouTube. *Que contient l'ARN des vaccins?* YouTube.

(28) Claire SEVERAC. *La guerre secrète contre les peuples. Préface de Pierre Hillard.*
KontreKulture, 2015.

<u>Sources complémentaires :</u>

- Rémi SAUMONT. *L'Univers (multi)dimensionnel.* Albert Blanchard, 2012.
- Albert EINSTEIN. *L'Ether et la théorie de la relativité. La Géométrie et l'expérience.* Gauthier-
Villars, 1953.
- Jean Louis DESTOUCHES. *Le Paradoxe d'Einstein-Podolsky-Rosen et les ondes physiques de Louis
de Broglie.* Conférence du 14 mars 1978 à l'Université de Liège.
- Maurice ALLAIS. *L'anisotropie de l'espace.* Ed. Clément Juglar, 1999.
Albert Einstein, un extraordinaire paradoxe. Ed. Clément Juglar.
- Germain ROUSSEAUX et Étienne GUYON. *A propos d'une analogie entre la mécanique des
fluides et l'électro-magnétisme.* Bulletin de l'union des physiciens.
- J. C. PECKER. *L'Univers est-il en expansion ? Exposé à l'Académie des Sciences le 4 novembre
1974.* Gauthier-Villars, 1974.
- Olivier SERRET. *Einstein aurait-il encore raison ? 10 expériences pour, ou contre, la relativité !*
- Erwin SCHRÖDINGER. *Qu'est-ce que la vie ? De la physique à la biologie.* Christian Bourgeois
Éditeur, 1986.
- Von NEUMANN. *Les fondements mathématiques de la Mécanique quantique.* Jacques Gabay
éditeur.
- Paul DIRAC. *Les principes de la Mécanique quantique.* Jacques Gabay éditeur.
- René BLONDLOT. *Rayons « N ».* Gauthier-Villars, 1904.
- Étienne GUILLE. *L'HOMME ET SON DOUBLE.* Éditions Accarias, l'Originel, 2000.
- Pour la Science n°551,de septembre 2023. *Le Monde Quantique est-il imaginaire ?*
- Jean-Pierre LUMINET. *Histoire de l'éther, d'Aristote au vide quantique.* YouTube.
- *Les secret de l'antigravité – masse négative et matière noire.* TheOnlyMaXBlog. YouTube.
- Grégoire KOLPAKTCHY. *Livre des morts des anciens égyptiens, le livre de la vie dans l'au-delà.*
Éditions de l'Omnium Littéraire. 1973.
- Ghislaine LANCTÔT. *La mafia médicale.* Voici la clef, 2002.
- Christian PERRONNE. *Décidément ils n'ont toujours rien compris !* Albin Michel, 2021.
- DL n°14 : *Atome deBohr, quantification du moment cinétique.*
http://pcsi-unautreregard.over-blog.com/
- Keith FRANCIS. *Rudolf Steiner et l'atome.* Ed. Triades, 2016.
- Trinh Xuan THUAN. *La plénitude du Vide.* Albin Michel, 2016.
- B. BOURBON. *L'ETHER, essai de synthèse des théories de la physique moderne.* Dunod, 1948.
- Alexandre MOATTI. *Etude d'un cas d'alterscience : l'ingénieur Lucien Romani (1909-1990).*
Alterscience. Postures, dogmes, idéologies. Odile Jacob, 2013.